自己的人生
主动掌控

采 薇 作品

中国出版集团 现代出版社

**图书在版编目（CIP）数据**

主动掌控自己的人生 / 采薇著 . —北京：现代出

版社，2019.2

ISBN 978-7-5143-8315-7

Ⅰ . ①主… Ⅱ . ①采… Ⅲ . ①人生哲学—通俗读物
Ⅳ . ① B821-49

中国版本图书馆 CIP 数据核字（2019）第 272744 号

**主动掌控自己的人生**

作　　者：采薇
责任编辑：刘全银　　王志标
出版发行：现代出版社
地　　址：北京市安定门外安华里 504 号
邮政编码：100011
电　　话：010-64267325　　64245264（传真）
网　　址：www.1980xd.com
电子邮箱：*xiandai@vip.sina.cn*
印　　刷：三河市国英印务有限公司

开　　本：710mm×1000mm　1/32
印　　张：8　　　　　　　字　　数：150 千字
版　　次：2020 年 4 月第 1 版　　印　　次：2020 年 4 月第 1 次印刷
书　　号：ISBN 978-7-5143-8315-7
定　　价：35.00 元

# 前言

    写这本书的那段时间，大概是我这几年度过的最艰难、最颓废的时光了。是的，虽然这本书被定义为"励志"，事实上，我在写这本书的过程中，是一点也不励志的。工作不稳定，身体状况差，心情也抑郁。说白了，其实就是在人生的某个阶段里，面对生活的压力和困难，我选择了逃避。

    只不过虽然我主观意愿上想要逃避，但是生活并没有因为我的逃避而放过我。压力还是压力，痛苦还是痛苦，而我的个性，的确也不是那种能放下一切一走了之的个性。后来，需要我完成的事情积得越多，我就越焦虑，我突破不了事情本身的障碍。而我越焦虑，生活就越痛苦，在又一次凌晨失眠时，我终于意识到，自己已经慢慢滑向抑郁的边缘，但是这样的状况，不应该一直持续。我想，难道人生就应该这样颓废下去吗？不，我曾经也积极向上过，只是这种"积极向上"的时间，被我打上了一个周期，过了这个周期，我就因为目标缺失而感到了茫然失措。

于是，我给了自己一些设问，去寻找答案的过程中，我才明白，人脑就是这样的运作机制，虽然每个人都渴望着安稳，但令我们每个人最快乐的，其实并不是安稳，而是永远都有创造力。

明白了这一点，我知道，要打破现状，我得学点什么，干点什么有意义的事情。于是我给自己制定了短期目标、长期目标，说服自己去完成，哄骗自己去完成，哪怕这个完成度是打折扣的也没有关系，只要能坚持下来，就行。

我对自己说，我早起跑步，是为了让自己更有精力去做自己喜欢的事情，所以，不要减肥，不要觉得为难，只要做就好了。

我对自己说，我写这些文字，首先是为了治愈自己的心灵，与自己对话，不要去想能不能发表，能不能用文字换得什么东西的事情。

这样想，就这样做了。

就这样，生活一下子豁然开朗了。

找到了一件能在潜意识中觉得有意义的事情执行，这漫长的没有工作的时光，似乎并没有那样难打发。

在跑步一周后，我就开始慢慢地将自己的生活感悟和日常的一点一滴都慢慢记录下来。

这个过程很琐碎，说起来，其实也并不励志，但是这个行为，却治愈了我内心中缺失的某些部分，让我能更好地面对自己。

每个人终其一生要面对的人都是自己。

或许，在这段没有那么熙熙攘攘的时光里，我才更透彻地理解了这句话。认识自己，发现自己就是普通人，知道某些事情做不到就是做不到。但是，不会因此就自我否定、自我放逐，这需要一个人有强大的定力。

我知道，我的"佛系生活"其实并非真正的"佛系"，痛苦，是因为我们还期待挣扎，还对生活有着强烈的渴望，我们都希望变得更好，希望跃迁，希望通过努力实现自己的梦想。

去做吧，行动起来，这才是解决问题的唯一方法。

# 目录

爱
情
篇

第
三
部
分

第四部分

# 自我篇

思
维
篇

第
五
部
分

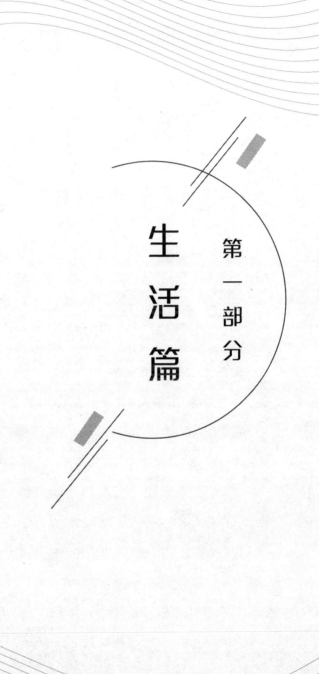

第一部分

生活篇

# 独居是一种勇气，也是一种力量

● ○ ◖

世界上大概除了北欧有些人从骨子里有社交恐惧症、拒绝交流、冷淡对世，其他人特别是中国人大多喜欢群居。

在中国人的眼中，考上大学、结婚、搬家、升职都不是一个人的事，必须召集亲朋好友庆祝一番，更别提在生活方面。

读大学时是宿舍群居，刚工作时是合租，到后来结婚组织家庭，大部分人都是按照社会发展的顺序进行生活。

可是现在越来越多的年轻人却保持独居状态。我的一位朋友菲菲是大龄单身女性，一直觉得独居挺好，拒绝亲戚那些看似好意但实则看笑话给介绍的相亲对象，因此曾被父母在春节时问："你是不是有病啊？"

最让她感到可悲的是，父母并不是随口开玩笑，而是用一种真诚的、焦急的口吻对她说的，甚至提出"你要是真的有病，我们可以带你去看医生"。

她觉得震惊，因为不愿意将就爱情而拒绝相亲，不愿意在所谓该结婚的年纪而结婚，选择一直单身，就被自己的父母视为不正常的、心理不健康的人。

菲菲哭了一整晚，第二天就收拾行李回到北京的出租屋。

每个人的一生固然都会经历生老病死，却也可以活出千般姿态、各自精彩，只要到最后回首一生，不负来这世上一遭，不后悔自己的选择，没有太多遗憾就可以了。

只是我也理解她父母的心情，她在年轻时过得肆意潇洒、享受人生，却担心他们不在以后只剩下她一个人，她也不再年轻，那个时候她"玩不动了"，每天挤了一个小时地铁回到冷冰冰的家，还要自己做菜、做家务，灯泡坏了要自己换，下水道堵了要自己通，小区治安稍微不好一点就会一整晚都担惊受怕，过节的时候别家其乐融融，她却孑然一身，连个说话的人都没有，万一身体哪里出问题，哪怕只是洗澡滑了一跤要做个骨折手术，连个陪着去医院、签字陪床的人都没有，那时候才真是叫天天不灵、叫地地不应，百分之百会后悔当初的荒唐决定。

我曾经在网上看过一个视频，日本一家为刚去世的人提供公寓清洁服务的公司用模型还原死者去世前的房间状态，很多老年人最后死在堆满垃圾的出租屋里，死了大半年直到发出恶臭才被人发现。

而菲菲思想非常自主独立，她说："这些我都知道，我也看到过日本的另一个视频，那里面的老人住在高级养老社区，天天跳舞打麻将，三餐营养搭配，医生定期体检，护士嘘寒问暖，还可以谈夕阳恋，多好。"

我有点被说服，菲菲继续说："其实你们都没有想过，一个人独居更需要勇气。"

我的心顿时被重击。

想了想，觉得她说得非常有理。

人类一开始共同狩猎获得食物，到后来聚集形成部落、建立国家，再进化到现在高度文明的社会，都是群居生活，这是一种天性。

而网上曾经出过人类孤独等级表的段子——"一个人逛超市，一个人去餐厅吃饭，一个人去咖啡厅，一个人看电影，一个人吃火锅，一个人去练歌房唱歌，一个人去看海，一个人去游乐园，一个人搬家，一个人去做手术"。越往后，能接受的人就越少，这也说明对于大众来说，一个人生活是一件高难度的事，他们习惯群居，也觉得孤独另类可耻，甚至可怕。

这是一种心理常态。

而菲菲却反骨地选择孤独地活着，难道不是更需要勇气？

一种从身体到心理都与大多数人背道而驰的勇气。

我对菲菲肃然起敬，这意味着她能依靠的人，始终只有自己。

当我让男朋友处理电脑问题的时候，她只能自己百度来解决；在我因为职场的摩擦与室友抱怨的时候，她只能自己内部消化；我可以和大家一起看恐怖片，她却从来不敢一个人看；我掉了钥匙可以请室友早点回来，她却只能打给开门师傅；当我指使男朋友吃掉一大锅面条时，她只能一个人吃，吃不完再倒掉，连肯德基的第二份半价都无法享有，菲菲最喜欢去的火锅店是海底捞，因为菜品可以点半份。

她一个人搬家，一个人在大热天去缴费，一个人等雨小些才能回家，一个人搬行李上六楼，一个人整理房间，一个人做饭，一个人每晚检查门窗。

看似活得让所有人心疼，她却从来没想过要改变，她掌握了合理收纳的小窍门，知道怎么换电脑内存条，哪家开门师傅的报价最合理，家庭里该怎么快速急救。她在门道里安装监控，工具箱里的每一把工具她都熟悉，在阳台养的花都开得很好，每周三次的跆拳道，菲菲把身体也锻炼得很好。

或许因为生活中只有自己，无牵无挂，全心全意，才能激发人生的其他可能。

菲菲会选择独居，是因为她有想达到的目的：在年轻时拼事业、多攒钱，四十岁以前再结婚，不能结婚也不强求，条件符合就领养一个孩子，五十岁以前环游世界，五十年后再开始慢生活，七十岁时住进高档养老社区，如果实现不了，大不了和几个七老八十的单身闺密合租一个房子，一样能互相照应。

为了这个目标，菲菲换了几个行业，从文职到网站到游戏，为的就是能实现每个月都存一万块以上，为实现以后的生活打基础。

在菲菲看来，暂时的独居并不意味着一辈子的孤独，她只是曲线救国，按照自己的步调和节奏蓄势待发，不想敷衍地生活、遗憾地过这一生罢了。

每个人都有不同的面容、性格、姿态，每个人也有不同的梦想、安排、信念，没有谁和谁的人生轨迹是相同的，世界上也不存在人生范本，每个人都应该依照范本而活，所以不如自我地活、肆意地过。

我们不应该否定不同的状态，而是应该考虑当下的自己，该怎样进化才能实现梦想，获得自己人生的意义。

# 逃避虽然可耻，但有用

● ○ （

　　年初的时候，我一个因为影视圈动荡而失业的死党小茉，曾反复纠结是继续留在北京还是回老家，当我说出"逃避虽然可耻，但有用"，小茉第一反应是震惊，然后觉得我在搞笑，最后难过地说："我从来没想过一定要留在北京，只是我不甘心哪，不甘心。"

　　"不甘心，所以呢，然后呢？"我淡淡地问了几个字，小茉顿时被噎住，因为她无法进行"然后"。

　　想一想，我们从小到大做过多少逃避的事。小时候考试没考好，偷偷把试卷藏起来；一天背不了五十个单词，那只背三十个就好了；如果不能嫁"富二代"，找个条件优秀的也不错；在公司遇到嗓门儿大来找碴儿的领导，敷衍、装傻、上厕所，不敢正面冲突；网上天天贩卖焦虑"在三十岁之前一定要去这些地方""车和手表才是男人真正的浪漫""连体重都不能掌握，还掌握什么人生""学会这些学习方法，学渣也能考北大"。若真能实现，倒也不错，若不能实现，网页一关，眼不见心为净；无法动不动飞到巴黎喂鸽子，去峨眉山看猴子也不错；背不起 LV 包，很多人背山寨的也心安理得；买不起奔驰，买辆福特也比走路快；实在瘦不下去，唉，那就瘦不下去吧；考不上北大，考上北京也够厉害啦。

人活一世，很多时候都不会"硬刚到底"，那些大家认为是务实的、明智的、保险的做法，其实是无法承担某些做法带来的压力而自动放弃，说到底也是某种逃避，但也没有错。

我建议小茉算一笔账，北京 2019 年的房租比往年平均提高了百分之十到百分之十五，如果按照房租不超过收入三分之一的原则，那么收入也应该起码提升百分之十才行，可是有多少人成功加薪？反而像小茉这种被裁员、被减薪才是普遍现象。

外卖费、打车费、生活费也逐日提升，在生存成本递增且手头无改善方法的时候，就必须考虑留在这个城市的现实意义了。

为了情侣，为了前景，为了资源，是普遍目的。

小茉的年龄不小还单身一人，蜗居在三室一厅最小的那间屋子里，为了节约生活费，每天早上雷打不动的 7-11 饭团，中午自己带饭，最喜欢买超市打折食品，衣服和生活用品都淘宝，每天花一个半小时通勤，点外卖时五块钱以上的外送费就不考虑。

她也会想家，也会经历996，也会在进公司第一个星期被骂得躲在卫生间里哭，也觉得在北京太辛苦、竞争太激烈，也会担心爸妈在老家的养老问题。

吃的苦已经够了，但是她的核心竞争力还不够，可替代性太强，也接触不到这个城市优质的资源和机会，在边缘反复徘徊试探。

"一般来北京的前几年，会实现在收入、资源、能力等方面的迅速提升，但是很多人都高估了自己的实力，现在最重要的问题是你如果继续留在北京，能在最短时间内获得更大的核心竞争力吗？"

答案是否定的。

她如果现在再想提升自身的竞争力，意味着需要花费一定的人力物力成本，比如去报班听课，在这期间需要自己交社保，衣食住行全靠往日积蓄，这种状态可能长达半年甚至一年，这笔账算下来，小茉想发疯。

但如果不提升，或许她需要面试几十次才能得到一份满意工作，以行业行情最多维持现状水平，但是这样突如其来的裁员或许下一次还是会降临，然后周而复始，最终迎来她的中年职场危机。

　　小茉明白自己的实力和定位，没有坚持一定要留在北京，只是觉得被迫离开是一种羞耻、败退和逃避。

　　不甘心的本质是不愿意接受自己的平庸，这是好事，但是请别忘记现实是残酷的：不是努力了、迎难而上了，就可以出人头地。

　　这个世界并不是你努力十分就能得到十分的回报：你努力爱一个人，可是人家不喜欢你还是不喜欢你；你努力去考研，最后的成绩并不会因为你的眼泪而多加几分；你去向甲方介绍方案，也不会因为你熬了几个通宵就会通过。

　　多大能力的人做多大能力的事，如果是明显会徒劳无功的努力，我会建议不如及时止损。就像童话里拼命把脚伸进不合尺码的水晶鞋里，只有鲜血淋漓，没有好下场。

　　人生百态，人和人的活法差距巨大，不用勉强自己。有些时候比起硬刚，不如逃避。

　　小茉平时做公众号，是个高度依赖网络和文字的职业，并且她老家所在副省级城市的文化产业正在兴起，文化公司遍地开花。而在北京，她的工种没有细分化，所以她攒下的资源和能力完全能物尽其用，所以她只需要遵从内心，想清楚想过怎样的生活就行。

就像当时她孤身来北京一样，再孤身回去也是勇气可嘉。

小茉最终回去了，她的履历在当地是很优秀的，她获得一份还不错的中层管理工作，城市的步调比北京慢很多，物价也低一截，用在北京存的钱付了首付，而当母亲突发肠胃炎住院时，她还能三个小时就赶回老家。她愉快地跟我说："早知道我就早回来了。"

所以不用不甘心，不要以为就你没钱出国玩，全国还有百分之九十五的人连护照都没有；不要以为就你月薪还没上万，全国还有百分之七十三的人，工作十年月薪都没过万；不要以为就你没有考上985，全国还有百分之九十六的人没有上过本科。

不是人人都是袁隆平，可以在海水里种出水稻。

如果种不出水稻，那么考虑一下逃避，能种出水仙，其实也挺好的。

因为大家都是普通人。

# 物质不是拜金，而是盔甲

● ○ ◖

在前不久，小 V 曾很苦恼地给我打电话："我今天被老领导训了，说我又不参加部门聚餐，我说我刚买了香水、口红和风衣，已经穷得吃泡面，他们都不信，说我平时不化妆，没想到这么物质。"朋友很生气，"我想收藏香水怎么了，我花几个月工资买包怎么了，我没偷、没抢、没骗、没网贷，还不许人家有点小癖好哇。"

"我记得你连双眼皮都不会贴，网上天天要女生买全套口红，不买就不是人，这是口红经济、贩卖焦虑，你别上当。"

"就算不用彩妆，我把它们摆出来就觉得自己像富婆，想想都是用我工资换的，就超有满足感。我每天根据天气心情喷不同的香水，上班已经很苦，这样我会开心一点。出去见客户，穿件好衣服，拎个名牌包也可以给自己镇场子。"

我顿时理解了小 V："你知道章小蕙吗？她开公众号了，很适合你。"

"谁？章小蕙？不认识！适合我？"小 V 发出灵魂三问，然后半信半疑地去关注。

没错，章小蕙是个曾经轰动港岛、蛰伏多年依然能影响 KOL 的 KOL。

香港明星钟镇涛和她离婚多年后，杂志上仍控诉章小蕙购物购到破产、欠下 2.5 亿债务的行径。

无独有偶，她后来交往的亿万富翁陈曜旻也申请过破产。

"拜金"这个标签，从此粘在章小蕙的身上揭不下来。

章爸爸是加拿大《文汇报》的主编，又创办加拿大中文电视台，章小蕙从小住在九龙塘大宅，出入有豪车接送，四岁逛美美，十一岁扫荡连卡佛，一直成长如温室的玫瑰，被物质熏养。

网上对她奢侈之事描述详细，比如，一套香奈儿同款要买三个色，十万块的裙子可以穿一次就不要；鞋子收藏的数量达几千双；为出一张唱片狂买六十套衣服；后来钟镇涛出书，写她连做梦也不忘血拼，林林总总，简直难以尽数。

在我看来无可厚非，人家从小就是这样长大，而且好的东西是真的贵。

撇开私生活不谈，我很佩服她。

那段时间，钟镇涛在债主前痛哭流涕，陈曜旻逃到他乡躲债，她也不申请破产，因为破产后会有很多限制，比如除非朋友请，不然不能去高级餐厅，更不能刷信用卡购物，她就一直上诉，直到法院判她不用再还债务。

最崩溃的时候，她也信奉越衰就越要漂亮，才会有后来港人形容她"饭可以不吃，衫不可以不买"。

可是我想或许章小蕙每天一睁眼，面对的就是欠下的天文数字，每天抠破头皮地想怎样才能填补窟窿，打开报纸全是媒体对她群起而攻之，债主恨不得拆她的骨。而把自己打扮漂亮，成为她那些难挨日子的唯一慰藉；衣服、香水和鞋子成为她外出时能抵御所有流言白眼的盔甲；而下一季新出的包包和裙子成为她的盼头。现实再潦倒，她还会活下去。

她为了赚钱，一星期做出近二十页杂志版面；在专栏上写风光史，那些读者一边骂一边看得入迷；她开时装店，刁蛮客户只想让她赚一点钱，多年后她仍觉得委屈，那几块钱也是她的血汗钱，网络不发达，她要晚上不睡觉打电话到伦敦才订到货；为了多赚钱，她想出每次订货前先收现金，刷了信用卡再用飞行里程数的积分兑换的办法。

瞧，人家是天生的生意人，这不就是代购鼻祖？

章小蕙就是这样挨过来并且获得成功，她推荐的祖·玛珑玫瑰香水成了爆款，开的时装店第一年就赚两千多万，拿下欧洲很多品牌的代理。2004 年她出演的第一部电影获得了金像奖提名，转头她又进军好莱坞成为制片人。

而沉寂多年，开个公众号也能篇篇 10 万 + 的阅读量，是多少自媒体苦心经营想要的流量，也让多少美妆时尚博主靠边站，幸亏她无心做网红，不然绝对是头部。

她这一生履历的精彩度，可以打满分。

我佩服她豁达、自我、清醒，从来清楚想要什么，其他的人、事、物都干扰不到她的内心。

她从来不说前夫不好，因为她和他已经是过去式，她只往前看往前走，而她前方的路上不会再有他。哪怕所有人唾弃她、白眼她，她依然租豪宅、拎 BV 当季手袋。

她也有过很多走捷径的机会，在为开店资金发愁时，有人送来空头支票。她问能不能借钱给她，当是开店人的股，对方不耐烦地说她好复杂。

最后她拒绝了支票，尝到了太轻易得到的甜头，就不会拒绝第二次甜。她知道如果她能收下第一张，就会一直收下去，一辈子就这样了。

她一直都活得清醒。

我觉得人生在世，总需要一些追求勉励自己，有的人追求精神瑰丽，有的人追求极简主义，有的人追求物质丰满，而很多人喜欢把追求物质妖魔化，觉得它绑架了年轻人，让人攀比焦虑甚至身陷囹圄，仿佛是多么十恶不赦的事情。

我觉得物质是好事，错的只是人而已。

小 V 后来找我，语气夸张且崇拜地说："我喜欢死她了，我现在也在用心经营微博，天天研究别人的号，也研究自己的号怎么引流变现，上星期接了个国货彩妆的推广，我想坚持下去。"

世界上只有一个章小蕙，只有她才能那么极致地热爱物质，再获得极致的成功，可世界上还有很多像小 V 一样的人，就像期末考第一、明年结束单身、赚到人生第一个一百万、吃一次帝王蟹、在夏天来临前学会潜泳一样，是一种欲望追求、人生愿望，未来可期，只要正当，只要能力能匹配拥有，就没有高低对错。

相反，只要还有欲望，就还想努力地活，就不会心灰意懒，就有了向上的动力。

# 梦想开始了，就别停下来

● ○ ◗

梦想是对未来的一种期望，是可让人感到幸福的东西，甚至可视为一种信仰。每个人或多或少都是有梦想的，毕竟人生是由现实和梦想构成，可是我做过一项相关调查，调查里只有百分之二十八的人实现过梦想，很多人的梦想永远也只是梦想，仅此而已。

每个人的梦想都不同，有的人的梦想是登上珠穆朗玛峰，有的人是靠自己买下北京的房，有的人是办芭蕾舞蹈学校，有的人是开自主设计的服装店，而有的人是想赚够一千万。

在追梦的过程中，我见过太多买了无数节线上付费课程仍始终停在前几节课的人，也见过太多一开始天天去健身房，一去就是待一整天但很快不再去了的人，也见过太多第一个星期天天吃沙拉但下一个星期就放弃的人，也见过太多很有详细计划却一步都懒得实施的人。

太多人一面想着要实现，一面又觉得实现好难，能做到随时放弃，却做不到坚持下去，于是梦想永远也只是远在远方的幻想。

请动起来好吗。

小 A 习惯每年过生日的时候都写一张梦想清单，在刚认识她时，她还因为清单上的梦想不止一个，特别是想以三十岁的大龄、零基础的条件去学爵士而被大家哄笑，大家并不理解四肢不协调的她为什么这么挑战自己。

我问她："那些愿望你觉得可以实现吗？"

小 A 说："当然啦，我都没有写虚无缥缈的像世界首富的那种，那种不叫梦想，叫白日梦。"其实小 A 的梦想很简单，因为从小喜欢狗，所以想养狗；因为喜欢看日剧，所以想考日语 N2；因为喜欢听韩国女团的歌，觉得她们跳起来很漂亮，她也想学，哪怕在家可以跟着跳一跳也好，于是还想减肥。

"可是要实现梦想的话，是要吃苦的。"

梦想从来不是一蹴而就，相反，它可能是一个持续痛苦的过程，所以才会有太多人放弃。

面对这样从零开始的小 A，我曾经建议她可以把梦想的时间设定得长一点，一年、两年甚至五年都可以，先做好细致计划，不至于因为时间紧短而让人焦躁、放弃。

我建议她使用一些管理方法，比如番茄管理法、笔记本圆梦计划。

番茄管理法为选择一个待完成的任务，将番茄时间设为二十五分钟，专注手头事物，中途不允许做任何与该任务无关的事，直到番茄时钟响起，然后在纸上画一个 × 短暂休息一下（五分钟就行），每四个番茄时段多休息一会儿，这样可以劳逸结合，在学习时不会因为时间过长而注意力不集中，因为很快就可以得到休息，心情也可以保持愉悦。

笔记本圆梦计划为每天在笔记本上写十个今日要完成的任务，哪怕今日特别想吃一支冰激凌也可以写上，只要完成其中五个就可以奖励自己一个小礼物，如果十个任务全部达成，就可以给自己一个如吃火锅之类的奖励。

这样一边每日坚持背日语单词，一边在休息时间跳舞放松，而在减肥过程中还偶尔放肆一下吃火锅，小 A 的愿望清单进行得比较顺利，没有出现太多抵触和低落心理。

追梦也像是谈恋爱，倘若年复一年只有单方面的付出，另外一方从来不给予任何回应，我们都会伤心失落甚至放弃，不想再那么全身心地付出自己。

所以不管使用什么学习办法、奖励机制，最主要的是让我们在追梦过程中能有张有弛、有的放矢，才不至于太累、太苦、太想放弃。

如果能坚持第一个十天，也要强迫自己必须坚持第二个十天，这样，起码我们在奔向梦想终点的路上前进了二十步，而坚持到三分之一的进程时，我们就可以为梦想加码了。比如从一开始的一天学一小时日语改为两小时，从一开始的断断续续练一小时舞改为加强度训练一小时，又比如把减肥餐再减少一份坚果。

我们不会在爱一个人的时候分心，同样也不该在完成梦想的路上分心。

我曾送给在减肥瓶颈期的小 A 一句话：梦想一旦开始了，就别停下来。

或许我们偶尔会疲倦、会迷茫、会质问自己这么辛苦到底值不值得，我们可以停下脚步稍作休息，回首看来时的路自己获得了些什么，但是绝不能放弃。

因为量变终将在悄然之间发生质变，梦想很可能会回馈于你惊喜，那时，你可能已经完全掌控了实现梦想的节奏，步伐越来越轻盈，终点也越来越近。而当实现了这个梦想，你当然可以继续深入下去，也可以换个梦想继续追逐。

可是你已经成功一次，触类旁通也会比其他人更容易，也更有成功的心得。就像学会钢琴、吉他、小提琴，哪怕第一次拿起唢呐也可以很快上手。

而现在小 A 已经考下 N2，并且学会多首韩舞的动作分解教程，经常在公司团建或者年会上跳一支舞，获得满场喝彩。

在 2019 年年底，小 A 请我看过她 2020 年的梦想清单，包括参观建川博物馆、养一只大型狗、考过 N1、去日本自由行、学习基础芭蕾、健身二百天。

我知道她为了实现养大型狗的梦想也铺垫了很多年，为了不被邻居投诉也为了让狗可以自由奔跑，再考虑到上班的远近，她在 2017 年写下考过 CPA 证书的梦想，2018 年写下月收入增加百分之二十、考下驾照的梦想，2019 年写下买辆代步车、租一个大院子的梦想。

就是这么多年一步步的串联，才可能实现她在 2020 年养一只大型狗的梦想。

又比如她写下在 2020 年要完成二百天的健身，是因为她想在 2021 年参加五次马拉松。

而现在，小 A 成为我们朋友圈里的天才，因为她什么都会，可是我知道她根本就不是什么天才，最多算是"地才"，因为她每一步都是脚踏实地拼过来的，而正因为她在身后够拼，所以在人前才足够出众。

在这个世界上，没有一蹴而就的梦想，没有轻而易举的人生，当梦想能够照进现实，这便是追梦的意义。

# 不定义三六九等的人生

●○◐

我曾经有一位朋友，对，是曾经，我们在读书期间从日剧电影、文字文学、恋爱对象、穿衣打扮、未来人生无所不谈，但最后友情搁置于工作几年后。

因为我们选择了不同的价值观。

她的家境非常贫穷，父母都是普通上班族，却从小对她溺爱，她想要什么总会想方设法地满足，每个人翻她的朋友圈，都误以为她是"白富美"，一年到头没工作几天，却一年飞四次日本追星，用的护肤品、化妆品全是贵妇品牌，动不动就是一千块的裙子没质感，人生多潇洒。

但在这些背后，是她透支几张信用卡额度，还掌握着她爸的工资卡来供自己消费的真相，我当时听完就震惊了，当时她父母最大的愿望就是在市里买一套房子，却一直都做不到，她把她爸的工资卡拿去花，意味着她父母每个月只能靠她妈的退休工资过活，而她宁愿天天喝星巴克，也不愿意给她爸买一条三十九块九的牛仔裤，借口是他已经习惯了，不用穿那么好。

她就是这么靠吸父母的血来虚荣自己，结婚后也如法炮制去对待老公，但是她的老公是一个对人生很有规划的人，对职业和家庭都有清晰的计划，非常不喜欢她这么无所事事、安逸度日，两人时常发生矛盾，婚姻摇摇欲坠，但是她又没办法离开，因为一离开，她连养活自己的能力都没有，于是只能低声下气，常常觉得日子难挨。

后来，她更是借贷来保持自己的高消费，在享受不知真相的网友羡慕的同时，背地里却是捉襟见肘，拆东墙补西墙，直到东窗事发的那天，老公和她爸妈连忙替她还清贷款，但是已经是一笔巨款。

她曾痛哭自己的不幸，却不曾后悔自己的行径。

我曾问过她为什么不能普普通通消费，她说我不想被人瞧不起，现在很多人都觉得我是"白富美"，都把我捧着夸着，我喜欢这样的日子。

可是这也是虚假的日子。

后来我想，朋友总觉得社会把人们分为三六九等，并且用不同眼色区别对待，可是真正划分等级的其实是她自己，所以她才会虚张声势，打肿脸充胖子，活在一戳就破的网络泡沫里。

我们还见过囊中羞涩却要租豪车参加同学会，各种吹牛最后还抢买单的人，结果对着信用卡账单吃一个月的泡面；见过全身上下穿满山寨奢侈品 Logo、背假包充当"白富美"的人，背地里却愿意因为几块钱的返现而给淘宝店改好评；还见过吹嘘自己老公多优秀又多疼自己的人，其实老公都是应酬完才醉醺醺地回家，一回家倒头就睡，压根儿不和她说话。

他们把自己放在高姿态，享受被别人羡慕的眼神，觉得自己就是比别人过得好，甚至高人一等。

我们也见过明明家里富得流油，却常常哭穷到处借钱的人；也见过特别舍得给自己花钱，每次聚餐就说没钱，除非别人请才会去的人；也见过心里门儿清，遇事却喜欢放大委屈，以求得他人同情的人；也见过对领导各种阿谀奉承点头哈腰的人。

他们把自己放在低姿态，用示弱当盾牌来达到某种目的。

他们都目光短浅，自以为别人的逢场作戏都看不穿自己的小把戏，享受着片刻的沾沾自喜，殊不知背后怎么被人议论。

从什么时候起，我们习惯了给自己加上人设标签，不愿意以真实面目见人，以为人生分为三六九等，他们不断调整自己所在的等级，来面向不同的人。

没有三六九等的人生，只有在心里划分三六九等的人。

我有一个学姐，她做人就非常真实。因为爸妈经商，小时候家里的条件非常好，从小把她当小公主养，还请老师教她练钢琴和芭蕾。但是等到她读初中的时候，家里破了产，爸爸自杀后留下一堆烂摊子给她和妈妈，从那时起，她就在学校捡矿泉水瓶给自己赚生活费，她也觉得日子苦，却从来不觉得低人一等，也不会故作倔强，接受学校和他人的好意都是落落大方的，周末去发传单、扮玩偶做兼职的时候，遇到同学也不觉得丢人，别人的冷嘲热讽都接受，所有流言蜚语都无所谓，他们对她的打击还不如猪肉又贵了五毛钱来得有力度。

因为她觉得这些都是她的人生、她的经历，她享受过好的时候，也该坦然接受坏的时刻，更何况她还要做妈妈的支柱和希望，让她觉得日子能有盼头。

她说："我也有活不下去的时候，但想想世界上还有很多人和自己一样，除了日子过得苦一点，其他都没什么。人生都是跌宕起伏、起起落落，没有人能一直好或者一直坏，但只要自己努力，总是会慢慢变好的。"

很难相信，这样的话是从一个九十斤不到的女生嘴里说出的。到大学时，学姐去做了平面模特，因为她足够高，但是还不够瘦，于是她就饿自己，幸好她已经习惯了饥饿，所以她瘦得很快。

学姐每天连轴转地接好几个活，甚至一年不带休的，总之，她家的债务还清了，她也真的在慢慢变好。

能坦然展现自己的人，都是内心强大的人，他们敢拼，敢不认命，因为他们很清楚命运是由自己主宰，谁说的都不算数。

这个社会并不是谁把自己包装得好，就是真的好，也并不是说话嗓门儿大，说的就是真理，日子都是自己的，工作是自己的，享受的快乐幸福也是自己的，遭遇的困苦磨难也是自己的，是否是外表展现的那样，真相只有自己知道。

不用分三六九等，不用进行分门别类，只需要以诚待人，内心有千沟万壑，自在强大，便能万难不退。

# 你要做个好人，但不要讨好所有人

● ○ ◖

　　小茹因为从小长得很漂亮，所以很受男生喜欢，平时隔三岔五就会收到情书、玫瑰花，过生日的时候连不认识的男人都会给她送礼物、张罗生日派对。

　　小茹也深知能力太强的人、太出风头的人、太锋芒毕露的人，往往也是不讨喜的人，所以她总是带着合租室友 A 一起出去玩，收到的香水、口红、巧克力，如果 A 喜欢，就直接送给她。

　　她对室友 A 从来不存在什么坏心眼儿，有什么也不藏着掖着，对她又很大方，是真心实意地把室友 A 当作好闺密。

　　但是没想到室友 A 反而很怨念她，到后期甚至接过小茹的礼物，转头就给小茹摆脸色看。

小茹一开始察觉之后，以为是自己做错了什么，便下意识地去讨好室友 A，哪怕在家待业的那段期间，去请朋友吃饭的时候也总是带着室友 A，见她太宅就请她去欢乐谷、酒吧玩，自己添置生活用品的时候也会给室友 A 买一份，她随口说了句哪件衣服好看，小茹就直接送给她，有好几次她都向我吐槽，觉得自己像是养了个女朋友一样。

　　但是她做了那么多，室友 A 并没有改善对她的态度，反而变本加厉动不动就对她发脾气。

　　不仅如此，小茹前后找过几份工作，每次一向室友 A 提起，请她帮忙分析的时候，室友 A 就会嫌弃地说这里不好那里不好，总之小茹把几份收到的工作 offer 全给推了，一直待业在家。

　　失业在家大半年后，小茹的家里给她在老家找了一份不错的工作，于是小茹决定提前退租。当她告诉室友 A 时，室友 A 说的第一句话不是替她高兴，而是非常生气地说："你提前退租，那房东要求的所有赔偿，都必须由你全承担。"

　　当时小茹就震惊了，她从来不缺钱，也不计较那点损失，室友 A 在第一时间想到的却是她给她找了不少麻烦，那种又生气又冷漠的语气，完全没有把她当朋友。

　　那天晚上，小茹和室友 A 彻底吵了起来，在吵的过程中小茹才知道，原来室友 A 从来没把她当朋友看过，室友 A 觉得那些男人都是因为她家有钱才讨好她、喜欢她的。而小茹一直对她好都是在可怜她，在用她不喜欢的东西施舍她而已。她是没钱，也没小茹长得漂亮，但是她也可以活得很好，那些饭钱，那些香水、口红、粉底，她也买得起。

室友 A 甚至愤怒地说："你可别忘了，那次去万达看电影，电影票和奶茶都是我买的！"

小茹在那一刻幡然醒悟，原来她的讨好成了一厢情愿，室友 A 在习以为常的同时还在肆意践踏她的好心。

小茹当场就拿了一张一百块丢给室友 A，等一搬完家，小茹彻底把室友 A 给拉黑。她开始反省自己，在这一段友谊里她做错了什么，她错在瞎了眼，和不适合自己的人做朋友，并且在发现不适合之后，还试图去讨好挽救。

就像是《农夫和蛇》故事里的那个农夫，还企图用自己的体温去温暖一条冷血的蛇，最终的下场只能是很惨的。

小茹后来也仔细分析，明明有很多友谊无法继续的征兆，她为什么都忽略无视了：她每次谈了恋爱、收到了哪个公司的 offer 都会和室友 A 聊，室友 A 却从来没有跟她吐露过什么，就表示她从一开始就不认可她，所以哪怕早一点指出来她的哪些行为让她不舒服了，她可以及时中止，或许她们做不成闺密，关系也不会恶化到不可挽回的地步，可是很显然，室友 A 并不想去加深两人的感情。

而在小茹拿不准 offer 的时候，室友 A 在明知道她很久没工作的情况下，还各种挑剔她可能会入职的新公司，并没有站在朋友立场进行认真分析，而是通过打压 offer 的方式打压小茹本人。

当家里帮小茹找到了新工作，室友 A 听到后并没有感同身受地替她开心，反而怕自己的切身利益受到一丁点的损害，马上义正词严地要小茹全部承担赔偿。

室友 A 能和她"同富贵"，却无法和她"共患难"，连某次不到一百块的请客钱都记得清清楚楚，却选择性地遗忘她从小茹那里拿去的各种东西的价值远远超过一百块。

后来小茹反思过，或许是因为她在家中排行老二，有点爹不疼娘不爱的尴尬处境，所以她总是想方设法地去讨好爸妈，甚至去讨好其他兄弟姐妹，引起爸妈的注意和夸奖，导致她离开家也是这么去讨好身边的人。

可是并不是所有人都值得讨好，值得用真心去换真心。渣男并不会因为她的讨好，就不会劈腿；同事并不会因为她的讨好，就不会不暗中抢资源、背后插她刀子；朋友也不会因为她的讨好，就能保证友情天长地久。

人生遇到的人，总是形形色色，没有千人一面，想要讨好所有人，是件绞尽脑汁都办不到的事。

后来小茹在新公司遇到员工 B，员工 B 和她志趣相投，还没有公司利益的冲突，于是两个人经常一起结伴去吃工作餐，但是这次，小茹虽然也很热情但是有所保留，没有立刻交心。直到员工 B 倾诉了她和原生家庭的恶劣关系后，小茹才诉说了自己在家的尴尬处境，两个人因为都有同样的过去而更加惺惺相惜，有了这个口子，她们才慢慢地愿意了解彼此内心的东西。后来，员工 B 成了小茹的死党。

　　小茹想，自己并不是人民币，并不能让所有人都爱自己，况且还有欧元美元的存在，而一个人的时间和精力总是有限，一个人的交际圈只有那么大，有些人离开，成为渐行渐远的路人，自然又会有人加入进来，两个人的人生就是这么重叠又分开，而她只需要保证自己以后足够擦亮眼，结交的是真的值得去爱的人就够了。

## 在有趣的灵魂被发现之前，先做个好看的人

● ○ ◖

网上曾经流行过一句话：好看的皮囊千篇一律，有趣的灵魂万里挑一。让很多人学以致用地挂在嘴边，仿佛自己本人、喜欢的偶像就是拥有这种灵魂的人，这个人是多么与众不同、万里挑一呀！

我却觉得这句话具有非常大的迷惑性，让很多信奉这句话的人误以为哪怕自己外表很一般也没关系，因为我会画画呀，我的内在是多么丰富有趣，人家都说了，万里挑一呢。而画画可以用书法、做甜品、养花、做手工、剪视频、弹钢琴、看过三千部电影等代替。

可是往往这样的女生单身概率都特别高，一旦发现心仪的

soulmate 找的都是年轻貌美的少女，顿时失望透顶，觉得对方庸俗不堪、肤浅至极，还会觉得其他男人都是瞎了眼，为什么看不到自己出众独特的灵魂，为什么没有人来爱呢？啊，怪不得说男人都是下半身思考的动物。

可是，难道就该全怪那些男生看不到她们的好吗？

人心都喜欢漂亮闪耀的事物，这是人类甚至动物的本能，连乌鸦都知道叼走闪闪发光的纽扣，雄孔雀都知道在喜欢的雌性面前开屏，更何况是人类。

俗话说：爱美之心人皆有之。不然就不会有那么多 P 图软件、自拍心得、修图教程、整容医院、可以十级美颜到连妈都不认识的直播 App 的存在了。

我们并不能挑战人性，如果执意去挑战，大概只能失望而归。

所以那句话其实是与人性相违背的，给很多信奉它的女生都造成一个极大的误区，算是某种程度上的自欺欺人、自我安慰罢了。

萧萧当年从小城镇考到一个 985 院校，从小只知道读书，不仅读成了高度近视，眼睛下挂着家族遗传的眼袋，长得还非常胖，但是依然不阻碍她暗恋上了一个男生。

暗恋上的理由很简单，因为她发现那个男生和她一样喜欢听孙燕姿的歌，一样喜欢阿加莎·克里斯蒂的小说，一样喜欢穿某几个牌子的衣服，喜欢宅着玩游戏、刷电影，特别是一些冷门文艺片，甚至她连对方发的个性签名都能秒懂。

多么心有灵犀啊，萧萧当时颤抖地以为遇到了此生的灵魂伴侣。她小心翼翼地去找话题聊天，搜肠刮肚地制造机会靠近，对方不管回了什么都翻来覆去地看，每看一遍都笑咧了嘴，然后不断发散思维，他是不是别有深意，对，他一定是在和我隐晦地表达什么。

但是萧萧不会想到，在大二的愚人节当天，那个男生当着所有人捉弄她，并嘲笑她长得像熊猫，她大哭一场，顿时醒悟男生都是多么肤浅，只看脸。

从那天起，深受打击的萧萧开始节食减肥，一放学就绕着操场一圈一圈地跑，甚至为了能快点瘦下去还每天往返爬三十层楼梯。

两年后，萧萧瘦了些，也变漂亮了些，于是一切开始反过来了，她开始陆陆续续收到情书。直到萧萧被一个非常猥琐的校友强行拦住告白，她突然发现，原来自己也是更喜欢好看的人，如果让她和眼前这个满脸青春痘、一个星期不洗头的胖子谈恋爱，还不如直接让她死掉。当时她几乎落荒而逃，压根儿来不及去了解对方是否有闪光的点，有哪些优秀的地方。

一将心比心，她便明白，其实她也非常肤浅，没有谁有资格去怪罪谁为什么不能透过外表看到本质。因为面对糟糕的外表，根本没有人想去探究本质的意愿。

偶像剧里总是演女主通过什么手段，吸引了霸道总裁的注意，萧萧相信，倘若女主是个四五十岁的大妈，或许不管做什么，那位霸道总裁都不会侧目的。

靠近总需要时间，了解、被个性吸引更需要时间。倘若连对方靠近的兴趣都没有，又如何被那些更深层次的内涵所吸引呢？不然也不会有"第一印象"这个词的出现。

比起怨恨老天为什么不赐给自己范冰冰、刘亦菲似的美貌，倒不如后期努力修炼自己。

萧萧一边上课，一边仔细研究去做眼部手术，有保守的朋友劝她不要做，不仅有风险而且价格还贵，还是戴眼镜比较稳妥。一些同学对她这种爱美的行为嗤之以鼻，甚至有女同学冷嘲热讽地说她丑人多作怪，把萧萧气得半死，但她还是没有变。

萧萧实习上班后就开始攒钱，先去做了近视手术，然后割了双眼皮、抽了眼袋，又瘦了将近三十斤，从此，她觉得自己焕然一新，甚至觉得以前暗恋的那个男生也配不上现在的自己。

心理学家丹尼尔·卡尼曼教授说过：成功的决定性条件不是智商、学历和运气，而是魅力。

接下来，萧萧还非常有意识地去包装自己，因为通勤时间太长，她学会了在公交上从容地化一整套妆的技能，也不管什么天气都穿七厘米的高跟鞋，下了班还看了很多资料和视频，去提升自己的口头表达能力和自信心。

后来在一次行业分享会上，她第一次当着近五百人的业界精英发言也没有怯场，因为她觉得自己受得起这份瞩目，她的谈吐清晰有条理，给人留下深刻印象，虽然在这背后，她为了不到三分钟的发言对着穿衣镜练习了上百遍，就连微笑的弧度都是精心练习才形成的。

她不仅用美丽获得了自信，提升了自我价值，这一次分享会也让她得到大量关注，甚至有同行的男人邀请她约会，而在约会的过程中，他们发现彼此的闪光点：两个人都养小动物、喜欢天文、热爱亲近自然……他们有太多共同话题可以聊，又或者说，男人愿意去制造很多共同话题拉近彼此的距离，就像当初她暗恋那个男生时一样。

在此刻萧萧才想明白，她做的那些不是为了别人，而是为了更好的自己。

两个人结婚后，萧萧也经常去参加一些业内座谈会，甚至会接受一些杂志采访，她觉得是美丽让她自信，而自信又让她更加美丽，她愿意一直美下去。

# 我们不需要没必要的自省

●○◗

"树大招风，并不是树的错。"小米如是说。

彼时，她刚经历了一场劳心劳力的职场争斗，用血与泪换来了这个心得。

小米从小被父母严厉管教，原则颇多。从小学起，如果考试没考上双百分，父母就会要求小米写三百字的保证书剖析原因并且做出保证；凡是犯了错，小米会被立刻拎到小黑屋反省，甚至没有饭吃。在这种氛围下，小米的成绩很好，一直是老师与有荣焉的得意学生，而进入社会后，领导也很喜欢能力强、反应快的小米。

只是小米却发现她活得越来越吃力。比如她不小心犯了错，领导已经说没关系，她还是不肯轻易放过自己，总是犯这样的错误，不仅麻烦领导善后，还给领导留下个办事不妥、能力不行的印象了。同事一个眼神过来，她就会怀疑是不是什么时候说错了话，得罪了对方。朋友随口说了她一句什么，就紧紧放在心上，哪怕朋友压根儿没有放在心上。

于是小米频频自省，恨不得每天把自己犯的芝麻粒大小的错或者尴尬都记在本子上，不仅强迫自己反思，还会反复告诫自己千万不要再犯。她小心翼翼地维护和所有人的关系，生怕因为自己而搞砸什么。

会不断自省的人，通常内心是脆弱敏感的，也是缺乏安全感的，太在意别人的感受，太在意在别人眼中的形象和分数，竭力避免矛盾冲突，希望借此获得别人的喜爱。

可是这世界上并不是所有的友善都有微笑回应，所有的好人都有好报，所有的念念不忘都会有回响，也并不是所有的人都能做到八面玲珑、长袖善舞。

特别是得依靠不断自我反省的人。

所以后来，小米的心情非常压抑，她每天都无数遍地质疑自己是不是真的很差劲，不然为什么会犯这么多的错，而在质疑中，她更加畏首畏尾，哪怕领导好几次给她机会尝试，她都生怕自己做不好而自动放弃，而朋友也觉得她越来越内向，不仅什么都憋在心里，也显得非常无趣。

在这种恶性循环的煎熬下，她过得如履薄冰、极度焦虑，数次想过辞职，因为不想丢人现眼，参加朋友聚会的次数也越来越少，而她还钻进了牛角尖，自己不肯放过自己。

直到后来，有一次，有个国外的大订单出了纰漏，部门开总结会，她去得迟，听见里面的同事在商量："等下把问题推在小米身上就可以了，反正她一直都唯唯诺诺的，我可不想被辞退。"

其他人没有提出反驳意见，就代表默认了。

当时小米如坠冰窖，她没想到她一贯的自省、隐忍在别人看来是唯唯诺诺、没有自我的。小米觉得，如果真的是自己犯了错，他们把全部责任推到她身上她也接受，可现在明明不是她的过错，就因为她时常自省，却成为别人刺向自己的匕首。

就在这一刻，小米幡然醒悟。

当同事甩锅过来时，小米一改往常态度，甩资料、讲数据，语言简洁有力，将订单失误的环节剖析清楚，不给任何人栽赃自己的机会。

看到那些同事面面相觑，小米突然发现，说不定有的同事平时就在刻意打压她，她一直被别有用心的人牵着鼻子走，还浑然不知。

她真的有那么多过错吗？其实不见得。

多么愚蠢的过度自省。

小米后来离开了那家公司，远离了那些小人，但是她也明白了不能别人说什么就信什么，她也不需要没必要的自省。小米总算开始做自己，她觉得轻松了很多，不再给自己戴上枷锁和桎梏，挣脱开许多束缚，步伐便轻快很多。

就像如果在地铁上遇到耍流氓，错的人不是穿短裙的女人，我们不需要自省不应该化妆出门，不应该穿长度不到膝盖的裙子，不应该抬头看了那个流氓一眼。

就像那棵长得茂盛的树，并不能因为它枝叶多、受力面积大，而导致更容易受到风力，就让它反省怎么长得这么粗壮。

就像也没有人会怪罪那只在南美洲的热带雨林里扇动几次翅膀，而两周后引起美国得克萨斯州一场龙卷风的蝴蝶。

自省是好事，它是一种进化机制、防御机制，我们需要自省，像是穿上一件衣服，可以保护自己、抵御外界的反复刺激，在人生之路上行走得更舒适轻快，而没必要的自省即意味着过度严苛自己，甚至是过度讨好别人，也就让自己和别人处于一种不平衡的关系里，即自省方是卑微方、过错方。

可人并不是机器，可以无感情且迅猛地修正错误，自省的过程必然是痛苦的、内耗的，且可能是无效的，于是层层叠叠的衣服终将把人压得喘不过气，使得弯下头颅，姿态很低，步履蹒跚，走半步都可能被绊倒在地，只能走得越来越慢，心里越来越沉重。

　　我们从来不需要那些不辨是非、没有立场的自省，而是应该理性思考、独立判断，不跟风、不盲目，从容且自我地自省，自省的中心点有且只能是它是否阻碍到自己成为更好的自己。如果的确是，才需要去攻克；如果不是，倒不如放宽点心，只要优于昨天的自己，就是一种进步了。

# 真正优秀的人，一生都在断舍离

● ○ C

　　这个世界太过复杂多样，很多人都有太多想法、欲望，我们随便翻一翻、搜一搜，如"六十四个说话技巧：说对话，就成事""精准表达：让你的方案在最短的时间内打动人心""提高工作效率、提升生活品质的八十八个技巧，让你告别加班，过上优质的生活""五分钟在家瘦腰运动！快速瘦肚子小蛮腰，马甲线一周现形""手残速成班，这样化妆五分钟就能搞定出门"。人们对这样标题的关注度一直居高不下。

　　在任何事物都高度膨胀泛滥的今天，焦虑环绕着很多人，欲望驱使着很多人，我们会不由自主地陷入一个怪圈：以为得到的越多，就是对的，就是好的。不管是合适的还是不合适的，总之什么都想要，什么都想拥有，仿佛错过就输掉了人生。

今天听说文化产业政策收紧，转头就扎进影视行业；明天影视行业遇到寒冬，又赶快退出吧。听说教育行业是未来的蓝海行业，又赶紧开始研究怎么转进这一块，赶紧买更多的书，听更多的课，学习更多的新技能。

今天超市酸奶买一送一，赶快买两份回来；明天洗衣液打五折，又囤了一箱回来；双十一买淘宝好便宜，不下个几十单占占便宜就对不起马爸爸，更对不起自己。这个不错，那个便宜，家里到处堆满了东西，心里超级有满足感。

可是后来呢，结果呢？

或许吸收了很多碎片化的资料和信息，但随之又抛在脑后。或许阅读了很多的书，可是全都是泛泛阅读，并没有学会说话技巧，没有学会写甲方都会马上满意的文案，没有一个星期练出小蛮腰，化妆也还是很手残，或许买回来一堆弃之可惜的物品占据很多空间，直到过期变质再扔掉。

忘记了月盈则亏、水满则溢，把自己折腾个遍，除了累得要死，却什么都没有得到。

所以我们都需要断舍离。

断舍离是日本杂物管理咨询师山下英子推出的概念："断"代表着不买、不收取不需要的东西；"舍"代表着处理掉堆放在家里没用的东西；"离"代表着舍弃对物质的迷恋，让自己处于宽敞舒适、自由自在的空间。

不只是生活，我们每个人的人生都需要不断地断舍离，摒弃很多杂念、无视很多会分心的事物，好想清楚自己到底想拥有什么。

阿栩是一名书籍修复师，她也不是不羡慕有些人在社交平台上经营自己的形象，拍拍照PP图，就有人打钱夸可爱；不是不羡慕明星烈火烹油、鲜花着锦，哪怕只是一个感冒，粉丝也全是心疼太敬业；不是不羡慕"富二代"，哪怕从出生后一直躺在床上，也可以活成人生赢家；不是不羡慕"包租婆"，每个月要做的事就是去收租、逛商场、打麻将。

她说，她也会羡慕，但是她不会选择成为他们。

在纸媒没落的今天，停刊的杂志、倒闭的图书公司不计其数，有的作者不再写小说了，但也还有不少人因为初心坚持写作。

日本动画大师宫崎骏到现在仍坚持手绘创作。

琉璃艺术需要灵感，需要经过造型设计、制硅胶模、官制蜡模等十几道工艺严格把关，需要一气呵成，不容一丝失误。

一条爱马仕的丝巾大约需要耗费人工六百个小时。

有的祖祖辈辈几代人守着一家店，不考虑分店，不考虑加盟。

他们不蠢也不傻，也知道有其他更便捷的方法，只是他们还是坚持如此。

阿栩从小跟着爷爷学习书法，热爱古典文学，在这方面造诣颇高，从小就知道书本将是自己终身的伙伴。

起初会尝试书籍修复是因为她去书市淘旧书，结果在一个不起眼的角落翻到一套非常有意思的书，可惜那套书不仅落满灰尘，而且破损严重，甚至很多页还粘连在一起。

阿栩还是爱惜地花重金买回，用很多旧书做过实验后，她想去还原这套书本来的模样。

可是一位名牌大学毕业生，不好好工作赚钱，天天和破书打交道，是她的爸爸无法理解和忍受的。

那段时间，爸爸断了她的生活费，男朋友提出了分手，她剪了短发，也没了交际，整天把自己关在房间里孤独地研究。她越钻越精，不仅熟悉了各朝代书籍的形式，还了解了各朝代纸张、书皮及装订风格，技巧也越来越娴熟，甚至有电视台闻风赶来采访她，市级图书馆还聘请她去进行古籍修复。

爸爸突然一改从前，开始以她为荣，经常向邻居熟人念叨女儿很棒。

在电视剧《全职高手》里，叶修的父亲对于他不愿意继承家业而沉迷电竞很是反感，直到亲临观看了一场比赛，才忽然明白儿子这么多年的坚持是多么有意义。

在任何领域做得很好的人，都是耐得住寂寞，可以高度自律、专注于极致的人，他们从来知道自己最想要的是什么，怎样才可以得到，能做下去就会坚持一直做下去，不会漫天地定下很多目标，乱花渐欲迷人眼，结果一个都无法实现。

因为最想要的，便是没有之一。

人心很贪，欲壑难填，可是人心又很简单。

现在有很多人提倡慢生活，慢享受和断舍离。

无独有偶，无印良品提出的理念是合适就好。无印良品的创始人原研哉说："我的设计概念是删除多余的东西，不需要多余的东西让设计变得复杂。"

就连乔布斯一生都信仰"less is more"，当时三十岁不到的他，常用的家居物品只有一张爱因斯坦的照片、一盏灯、一把椅子和一张床。

越懂得放下的人，或许得到的越多；越是成功的人，肯定越懂得断舍离。

Less is more.

少即适合。

合适就好。

减少执念，专注以一个目标为终点，不为其他岔路而分心，反而能走得更远、更稳。

第二部分

工作篇

# 年轻就要醒着拼

● ○ ◖

年纪轻轻的朱朱靠自己实现了财务职业双自由，我曾经向她询问成功的秘诀是什么，她狡黠地一笑，抛出了某个运动功能性饮料的广告词——年轻就要醒着拼。

我当时一头雾水。

年轻就要拼，爱拼才会赢我是理解的，但是什么叫醒着拼呢？总不可能真的是叫人天天灌咖啡喝饮料熬大夜吧。

类似困境不局限于演艺圈，其实我们很多人也是这样一路稳妥走来，却突然在某一天遇到了职场危机。

很多人都会想办法来应对，只是没想清楚就东一榔头西一棒槌地去试，可能错误成本高得无法挽回。

我曾经认识一个出版公司组长，已经三十五岁，头脑一热想自主创业，觉得餐饮业是最稳赚不赔的行业，他妈妈把所有的养老金拿出来支持他开火锅店，我劝他别盲目投资，他却信心满满，结果火锅店的经营状况非常惨淡，我后来劝他及时止损，他又觉得再坚持坚持，总会扭亏为盈。结果他把他妈妈的养老金都赔了进去，只能回去继续上班。

而有些女人对开咖啡店有执拗，异想天开地觉得喝咖啡的人遍地都是，只要开的地段够好绝对没问题，殊不知开咖啡店十家九亏。

餐饮业门槛高，淘汰率也高，在供应链、管理、服务、货源、后续营销都需要专业团队来打通、维护。

《中餐厅》里，开垮过火锅店的黄晓明就承认："我就看透了，其实就是这个样子，做生意是需要特别理性才行。怪不得我那么多次生意都失败了。"

人的每一次盲目错误，并不是都能亡羊补牢，可能错误成本之高，高到无法想象，并不是每个人都可以像黄晓明一样有资本全世界投资项目。

朱朱从小喜欢看小说，她的爸妈都是医生，高三时要求她考医科大学，所以一旦发现她在偷偷看小说，就会把小说当着她的面撕碎，骂她不务正业。朱朱知道不能在家里看了之后，每天放学了就往书店跑，经常站在书店里几个小时看完了一本才心满意足地回去。

等成功考上大学，她看小说就看得更痛快了，到后来干脆坐在电脑前自己写，寝室里所有女生都笑她：写出来能做什么呢？难道她还能出书吗？还能拿这个当职业吗？医生才是铁饭碗好不好。

可是没有人想到，在朱朱写完三本小说之后，最新的一本居然拿了个奖，并且成功地卖了影视版权。

这件事给了她极大的信心。

而反过来，由于朱朱经常缺课缺考勤，期末考高数又挂了科，她向爸妈提出了休学。

朱朱的爸妈把她狠狠地骂了一顿，但是等她骄傲地拿出银行卡时，爸妈才发现他们眼中的不务正业，如今却给朱朱带来了巨大的成功。

爸妈接受她的想法，只要求她能为自己的人生负责到底。朱朱却说，她从小就知道自己想要什么，并且一直在为之努力。

她对咖啡特别有研究，干脆写了一部咖啡鉴赏师的职场小说；她想写悬疑爱情的新作，她就把国内外能买到的关于犯罪心理的教材都看一遍，天天泡中国警察网，甚至还去专门拜访刑警大队队长；她因为每天都需要久坐，又去学了瑜伽。

朱朱每天看起来很忙，又很随心所欲，但是我们细看发现，她所有兴趣和爱好的动机与出发点都是围绕她的小说事业开展。

她心里有热爱，但是不会去乱折腾，去盲目透支自己的精力，她曾经想过写一部电竞题材的小说，却发现自己讨厌研究操作原理，她就迅速地放弃，开始专写最擅长的悬疑爱情题材。

我们年轻时都会拔高梦想的高度、高估自己的能力，却对犯错成本没有具体估量，总觉得自己还年轻，能够轻易承担。

但事实总是残忍，一旦年轻时多走几次弯路，多坚持几次错误，就会和同龄人拉开差距，最终被越甩越远。

海清说："我们除了演戏外什么都不会干，什么都干不好。"但是成年人都知道，世界上没有怀才不遇这件事。

宋佳是金鸡奖影后，台词、演技及敬业度都很专业和扎实，演戏从来没被导演骂过，如果一种演戏方案被导演否定，她马上就可以给出第二、三、四种方案，拍了很多文艺片、独立电影才得到今天的成绩。

梁静也发微博说想挣脱困境必须学会变被动为主动，做制片人、监制，扶持青年电影人，而姚晨这次也是作为监制带着新电影《送我上青云》回到 FIRST 的。

我们所需要的是对自己清楚的认知，制订正确的计划再去执行落地。

年轻人真的需要醒着拼，而不是仅凭一腔热血。

# 随时准备plan B，不被最后一根稻草压垮

● ○ ◖

我曾认识一个程序员，之前在中兴这个中国最大的通信设备上市公司上班，每个人都觉得这是一份优秀稳妥的工作，直到 2018 年，美国商务部对中兴采取了禁售措施，中兴遭受将近九十亿美元的亏损，而这个程序员不幸被裁员。

与中兴相反，在美国故技重施想将华为列入"实体名单"时，华为创始人任正非先生发表言论："就算缺少了高通等美国供应商也不要紧，因为华为已经做好了预案。"

原来，华为早在很多年前就已经做出过极限生存的假设，预计有一天，所有美国的先进芯片和技术将不可获得，而华为仍将持续为客户服务。为了这个以为永远不会发生的假设，数千华为

人走上了科技史上最为悲壮的长征，为公司的生存打造"备胎"，直到历史性的那刻，曾经打造的备胎才在一夜之间全部转"正"。

很快，华为的"备胎"芯片、"备胎"系统纷纷亮相发布，在2019年8月，发布了正式商用的全球最强AI芯片"昇腾910"，而美国商务部却拟再度延长华为"临时采购许可证"九十天有效期。

另一方面，拼多多创始人黄峥发觉低消费人群才是中国消费主力，那些过去不曾被淘宝、京东等电商覆盖的县级市甚至农村消费者，他们数量庞大、注重价格。拼多多依靠腾讯，以如九点九元的五斤脐橙、十二点九元包邮的抽纸、三十八元的行李箱、九十九点九元的老人机等低价拼团。"农村包围城市"模式快速发展，最终呈现爆炸式用户、爆炸式商户的增长。

而在拼多多发展之初，刘强东瞧不起地认为拼多多在用户群体和产品质量上和京东都不在一个水平线上。他没有在意，更别说plan B。

可是拼多多不仅三年时间就成功上市，占据国内电商老三的位置，包括京东在内的电商公司也开始试图复制拼团模式。

父母辈们很多人在岗位上勤勤恳恳地工作一辈子，本来想着到了退休年龄就回家遛遛狗、逛逛超市抢抢特价，从来不曾想过国企单位会出现下岗热潮，铁饭碗会被摔碎。

在电视剧《小欢喜》里，方圆为公司完成了并购，所有人都觉得他升为法务部高级总监是板上钉钉，没想到公司说对方会带团队过来，所以只能裁掉他们整个法务部门，方圆只好接受被裁。等到回公司看望老同事，才发现被裁的只有他一人，而他的妻子忙于家里两个孩子的高考，多请了几天假，就被助理使阴招给挤了下去。

这个世界每天都有很多让人措手不及的事发生。在瞬息万变的职场里，更没有谁能置身事外。

闺密阿雨有些悲观主义，作为悲观主义者，很容易保守平庸、故步自封，但她却表现在会随时给自己准备 plan B。

怕出差会遇到交通堵塞，会在 plan A 的基础上再提前两个小时出门；发现跟进的项目合作方难沟通，会提出任何要求和推进都发邮件确认，并且做好 plan B 的准备，对相关聊天记录也进行截图，好方便随时取证；在年终述职前，通过分析一边做 ppt 一边准备跳槽，后来原公司裁员百分之二十、降薪百分之十五，而她本来不在裁员范围，但主动求裁拿了 N+1 倍赔偿，还跳到一个薪资多百分之二十的公司。

其实阿雨的能力很强，多任领导都表示喜欢。因为她永远准备两个以上方案，并且会用不同的角度切入，让领导有选择空间，也体现出自己对任务非常上心，在信任度和执行力方面都为自己加分。

我也问过她这样活着累不累，事实却证明很多次她都依靠 plan B 才有惊无险。

因为她非常明白老板招员工不是为了惹事，而是要做事，不是为了提出问题，而是要解决问题。

老板巴不得一个人能做两份工，更希望员工能完成任务、最大化地给公司创收，而不是卡在某个环节拖延进度、浪费时间。如果员工无法体现自我的能力、价值，那么就没有在公司的立足之地，甚至没有存在的意义。

但最极端的情况是哪怕完成价值体现，但事先没有做好两手准备，也会被意外打得措手不及。

闺密家境不好，又是不婚主义，所以她知道生存环境的苛刻，很早就为以后的人生做筹谋。

哪怕她一个人为公司创造了抵得上两个人的价值，薪水在当时算中上，平时也走精打细算的路线，主要把支出用在生活、进修、给父母生活费和买 lolita（洛丽塔）裙上，觉得这样省钱凑小户型的首付虽然辛苦，却很有满足感。

直到某一天她想去看极光，却发现自己辛苦多年仍无法自由实现，她陡然惊醒一直按部就班的工作并不能支持她走得更远。在这个时候，她又开始实行 plan B 了，她准备弄个副业赚更多的钱，哪怕每个月只有一小笔收入，哪怕随时都可能失业，她也不至于太慌。

因为喜好，阿雨开了个 lolita 裙的淘宝店。

她喜欢 lolita 裙喜欢了很多年，再加上审美在线，又靠工作攒了一批设计师资源，虽然一开始只是做帽子、发带等小配饰，客户群体也只有同事和 lo 圈好友，但是在半年后，她开淘宝店的收入就已经超过工资，两年后，她开始设计国牌 lolita 裙，五年后，淘宝店的官方微博有数十万人关注，连某个喜欢 lo 裙的知名演员也买过她家的裙子并拍了自拍图。

到现在，阿雨已经拥有六套房和近千万的现金流，每一年，她都带着自己的团队去日本或者欧洲各国旅游，她早就实现了财务自由。

而这一切最初的动机，只是阿雨无法实现一场看极光的愿望并被这根稻草压垮，而开启了 plan B 而已。

人生就是这么奇妙。

我们每天都会关注保险、房价、养老、养生、失业，也是未雨绸缪着随时可能会到来的危机。

人生总是波谲云诡，只有随时准备 plan B，才能避免成为那只被压垮的骆驼。

# 人精更好命

● ○ ◖

有的人做事直接，思维单线条，很看不惯别人的高情商做派，会觉得对方"是个人精，很会说话，手段也高，玩不过他"，甚至连做朋友都不考虑。

我理解这种人，在他的世界里只有是非曲直、黑白对错，没有灰色地带，也没有委曲求全，他们更爱凭本事硬刚，以为拥有实力就会拥有一切，自然觉得人精虚伪。

但大家都是做一份工作领一份薪水，如果这两种人真的开撕，一定是人精撕赢，只是人精才不会把情况闹得这么尴尬。

在职场上除了凭各自能力吃饭，更凭情商。

我们会看到很多人能力不错、默默做事，想象"是金子总会发光"，可现实是"酒香也怕巷子深"，所以晋升之路始终不顺。而一旦犯错，领导大概率就是拿他开刀，因为他太硬、不够圆滑，甚至在无形中得罪领导多次而不自知。

除非拥有无可替代的实力，领导虽然忌惮也不敢动，甚至会在明面上捧着，可是拥有这样绝对实力的人，又有几个呢？

小琳年纪轻轻，毕业才三年，拥有一个喜欢"嘴上谈兵"的领导，还能做到公司中层级别，足以证明她的情商有多高。

在每周一开部门会议的时候，小琳会找合适的时机给领导递话筒，让他充分展现自己的权威。因为领导是自己的直属领导，而她是受他考核、安排的，如何表忠心、搭舞台，也是职场上非常重要的一环。

面对领导交办的事情，如果简单，小琳就会立刻答应。如果是难度很高或者不想做的，哪怕心里有一千个不情愿，小琳会先为难地笑笑，分析无法完成的外部客观因素，明里暗里告诉领导这有多难办，也是因为够难办，所以办好这些事是挑战，也是晋升的机遇。

当然，小琳在打预防针的同时也会察言观色，一旦发现领导的脸色不对，就会马上表态一定尽全力去办，因为没有一个领导喜欢无能且不给面子的下属。

而在项目推进过程中，小琳会按照自己的经验方法推进，哪怕进度推进得很顺利，也很少会提前向领导汇报，甚至会把进展往后拖一点。一方面是避免领导突发奇想地派更多的活下来，自己给自己又揽了一堆事。另一方面是避免领导敏感地认为被区区下属看穿，忌惮下属的能力太强而开始打压，还有一方面是很多环节都会涉及其他部门、第三方合作，给对方更多时间，与人方便也是与自己方便，对方不会不心存感激。

很多员工喜欢报喜不报忧，会故意夸大自己的能力和付出去邀功，甚至会隐瞒困难彰显自己能掌控全局。

小琳却从来不这么做，她宁愿在项目完成后，再给自己脸上贴金。

因为公司以结果为导向，事先拔高了领导的期待值，但凡结果没有达到预期，领导不只是双份失望，也给他留下了不靠谱、好浮夸的印象。

而在项目完成的过程中，我们多少都会遇到棘手的环节，受限于能力和权力范围，很少有员工能处理好所有问题，如果员工选择隐瞒，等到无法妥善处理才慌里慌张地暴露一切时，可能已经是一地无法收拾的烂摊子，对公司、领导、自己可能都会造成难以挽回的后果。

所以每当小琳遇到普通问题时，她会先自行解决，解决完再找合适机会汇报，避免领导觉得她能力不行，又可以让领导清楚她处理了多少事务。如果问题有些复杂，她会先拟好解决方案发给领导，询问可否这样执行。如果领导觉得可行，便推进到下一步，如果他提出的意见很不合理，小琳会留心把相关截图和语音都保存下来，以免后患。

而当小琳实在解决不了时，她一般会先卖惨再卖乖。比如故意挑下班后汇报，在领导开车时发语音，半夜打电话，她最猛的一次是在早晨7点醒来后打电话，向领导说自己熬了通宵，在这种时候，小琳会把问题说得严重些，表明已经努力过但能力有限，务必让领导相信，她实在是解决不了了。

在这种情况下，领导就算不愿意也要把问题接过去，等妥善解决之后，小琳一定会顺势把领导猛夸、猛崇拜一顿。人人都喜欢听好听的话，领导更不例外。

当小琳遇到其他部门同事不配合时，她就会以领导的名义去找对方，因为她作为公司员工，完成年度KPI、替公司创收才是能在公司安身立命的基础，如果项目是在同事那里被卡，领导和老板也只会认为是小琳的问题，觉得连公司里的这点事都处理不了，还谈什么对外？要求同事配合之后，小琳会请对方喝奶茶或者请吃甜品做补偿，这种小恩小惠花的钱也不多，但是效果一般都挺好的，下次再请对方协助时，对方都会爽快答应。

如果在推进过程中，小琳出现了小失误，如果领导发现了，她就会主动反省一下。当然，如果是领导出现了失误，下属替领导背点小锅也是正常的，领导心里也会有数，会在合适的时机替小琳找补回来。

如果是小琳出现了重大失误，她会在第一时间向领导认真检讨。这种情况下，领导肯定会大发脾气，甚至公司也会通报批评、惩罚小琳。但是小琳已经做了检讨、受了惩罚，再加上项目跟到这里，很多环节都不好临时换人，公司还是会让她继续跟，接下来她就要确保万无一失地跟完项目。

如果是领导出现了重大失误，把整个锅都甩过来时，那么之前的那些证据就会派上用场。

如果项目顺利完成，在受到了公司表扬时，小琳也会反过来替领导邀功，称都是他领导得好，还替她解决了不少棘手的难题。同样，领导在心安理得地享受吹捧的同时，心里也是有数的。

有眼力见儿、有实力、会变通，懂得为领导邀功，也懂得为自己卖惨，小琳就是这样在职场的夹缝中生存，并且生存得挺好。我觉得她很棒，成人的世界那么复杂，我们首先确定自保，然后才能谈其他。

而她做到了。

# 这样才能有资格地向领导发脾气

● ○ ◖

父母从小教导我们要与人为善，要时常微笑。在职场上，动怒也是大忌，可有时候有修养、有素质只能给某些人造成忍让的错觉，而在这时，或许我们需要发一次脾气。

当然，发脾气也是一门不小的学问，其中弯弯绕绕的门道挺多的。

三三的星座是好面子且直接的火象星座——狮子座，半年前跳槽进一家业内知名公司，但很不幸，她的直属领导是个奇葩，还是每天可以不带重复地发三份吐槽匿名帖都有很多网友能感同身受的那种奇葩。

三三作为公司新人起初只能忍，但又觉得这样下去不是办法，终于有一天找机会发起脾气，做起了恶人来。

虽然三三很恼火，但是也懂得直接发火不仅感观不好，也会让别人觉得她难相处，因此她总是借机发挥。

比如遇到奇葩的合作方，她就对同事生气地吐槽。

比如故意在和别人吵架的时候让领导听到，哪怕口气很凶，甚至摔东西，平时有多文静温柔，这次制造的反差就有多强烈，这样的举动肯定会让领导意识到她是个脾气很暴的人，只是之前一直没发作。

所以哪怕三三没有一次对他们发脾气，但本部门的所有人都知道她不好惹。

三三是狮子座，本来自尊心就极强，自然看不惯在她面前各种摆谱的领导，一开始她会委婉地提："领导，如果我哪里做错了，请您一定告诉我，我一定马上改。"

领导微微震惊或者脸色转阴一秒，但只要不傻，就会口气一软，马上做出解释："我没有别的意思，我只是事情太多，口气稍微急了点。"

而这种的前提是三三真的优秀，具有很强的不可替代性，有足够资本支撑自己向领导侧面发牢骚，对方还会给足好脸色。如果没有这个前提，那还是小心做人做事为上。

要知道，职场上的所有尊重都是靠自己换来的。

而三三对着奇葩领导第一次发脾气，是在进公司的第一个月后，公司接了一个大型游戏体验展，奇葩领导给三三安排了不可思议的任务，比如用十万预算邀请来一百个KOL，三三实在忍不住，直接去办公室说："这事没法弄，不说接待一百个KOL，机票酒店都不止这点钱。"

"这点事都办不好，发你那么多工资干吗？我不管你用什么办法，我只看下星期的结果。"

"我刚来公司，对很多环节还不熟，这个活动太重要，我怕会耽误进度，要不您问问部门其他人的意见，要是谁能接这个活您就派给他，我给他打下手，刚好可以借这个机会学习学习，摸索摸索公司流程，您看行吗？"

被当面拒绝，领导自然不高兴，但不高兴归不高兴，这块的资源都在三三手里，领导不会轻易得罪三三，也不愿意去公开询问其他人的意见。

因为其他人的资源能力还不如三三，如果三三都不接，其他人就更不敢接。他也没办法向其他人吐槽三三，因为三三说得滴水不漏，三三用的理由是她还是新人，试用期不熟公司流程很正常，新人肯定需要磨合期，她也没说就不做，而是说可以打下手跟流程做辅助工作，而他作为老领导带不好新人，能力才有问题。所以领导就给了三三台阶下："KOL呢，是必须要找的，预算呢，也只有这么多，你先试着办，我相信你。"

三三的态度却很坚决："不好意思领导，我是真做不了，要不您再看看有没有什么折中的方案可以让活动落地，您慢慢考虑，我先出去了。"

有了这次正面冲突后，奇葩领导也摸清了三三的态度，自己放宽了项目条件。到了这个时候，三三就会好好地写策划方案，并且好好地去执行，毕竟她想继续在公司混下去。

后来，三三依靠自身人脉，免费拿下机场和火车站的广告牌，再请游戏公司的对接人提供一份本地 KOL 的名单，如果邀请的嘉宾绝大多数是本地人，公司自然省掉大笔飞机和酒店费，公司也会以会场偏远为由统一订普通级别的酒店，而整个活动的预算也不过比之前超出两万元。

三三的方案写得很好，流程推进有序，也向公司展现了她的资源实力，但是由于她之前直接走人，让奇葩领导挂不住脸，他就在不是关键的操作环节上挑几次事，以示他是领导，三三再有能耐还是得他说了算。比如领导嫌合作战队的置换要求太多，三三不想分心应对，就直接说只有答应这些要求，对方才肯来，如果战队不来，会展效果会大打折扣，领导又不敢担这种后果，折腾了半天还是会勉强说"行吧，先这样"，而这时三三就会加班加点地推进流程，以免奇葩领导想到一出是一出。

三三就依靠这个体验展的项目提前转正。

但是一个领导被公认为不折不扣的奇葩领导，就在于他可以在作的道路上越走越远，越来越有心得，越来越多花样。

三三一边懂事地让领导享受众星捧月的错觉，一边在心里狂翻白眼，她非常看不惯且不信服这样自我吹捧的领导，因此，三三并不会太听领导的话。比如领导特别急要的数据，她假装外出或者没看见，会隔一会儿才发过去，也会拖进度，一边告诉领导对方只能推迟交，一边却和对方说"虽然我们领导催得紧，但我还是拼命替你多争取了三天时间"，这样来换取对方的好感。三三本来就是想掌握公司资源，学到足够内容后就跳到业内第一的游戏公司，所以等三天后，三三才会把数据发送到领导邮箱。

如果是奇葩领导不想担责，或者压根儿不回邮件，三三也会再发邮件确认：领导您要是觉得没问题，我就继续做了。如果领导再不回，三三就默认为同意。

当然，按照三三的脾气，遇到这种事之后一定会找机会反击，比如在项目重要环节时，突然说有公司想和公司合作项目，这个合作项目自然是她平时已经接触的，只是在这种时候才拿出来王炸而已。她提出来的，当然也就只能由她推进，而在此期间，和旧项目有关的工作，她完全就是拖着处理，但由于她出师有名，领导看在部门 KPI 的分儿上，不仅不会跟她计较，甚至还会夸她。

三三的能力不错，和奇葩领导相处也游刃有余，所以等她用公司资源置换得差不多，拿到心仪公司的 offer 后，果断和奇葩领导说拜拜。

　　而她也算是身经百战自带护心甲，再遇到什么事，也可以轻松应对。

# 真正的有底气，才是真正有实力

● ○ ◖

前段时间剧荒的时候，我追了一部叫《致命女人》的美剧，里面的主演之一是刘玉玲，她小时候觉得最大的幸福就是能吃饱饭，长大后不仅在好莱坞星光大道留星，还曾拿过五百五十万美元的片酬，这也是至今为止，华人女星在好莱坞的最高片酬。

而她还有个很著名的理论——Fuck you money。

她说自己工作后会努力赚钱，这笔钱就叫作"Fuck you money"。有了这笔钱，当哪天生活不如意，比如老板让你做不愿意的事，你就可以很有底气地甩他一句："我不干了！"

小真之前在公司遇到不公平对待时，敢在领导办公室里拍着桌子闹辞职，结果公司年底给了她一百六十万元的分红。二十五岁那年去结婚，结完婚又生了个孩子，前后有一年多的时间没有上过班，在有过"超过三个月不上班，HR 就会不考虑你的简历"说法的某一线城市，等她要重新上班时，很多猎头主动找上门来，她只需要慢慢地挑工作。

我见过太多想休息、旅游、一时意气用事而辞职的人，每个人都觉得自己是有足够的底气提出辞职的，我却觉得他们并不清楚自己是不是真的有这个底气。

心理学调查表明，超过百分之八十的人都认为自己的能力超过平均水平，其中有百分之三十的人对自我的认知存在较大偏差。实际情况则更残酷：越是能力水平差的人，自我认知偏差也越大。

世界上有件很尴尬的事叫作会错意，比如你以为他是在暗恋你，但是他并没有；你以为你辛苦了一整年，领导说什么都应该给你加薪，但是他不会；你以为今天会下雨，所以带了伞，但是天是晴的；你以为老公下单了一台新电脑，是送给你做生日礼物，但其实是他买给自己，他要送你的是一条一千块的项链。

这些会错意，都还算不会造成太坏太恶劣的后果，但是如果在辞职、换工作等方面会错意，将会造成难以挽回的后果。

很多人会在简历上把工作经历事无巨细地写出来，以显得自己特别有能力，会的技能特别多，但是除非在一个圈子打转，不然在 HR 的眼里，之前的工作经历也只是一段陈述文字而已。

我认识一个编辑妹子，拥有丰富的出版经验，最后去了一家主打孵化 IP 向小说版权的文学公司，自己写过不少小说，参与过几个网大、网剧的剧本合作项目，也有些影视公司朋友和编剧作者，她想自己进影视公司应该很有底气、很容易了。

但是这个妹子投了一圈简历后却发现，虽然都是以文字为主的工作，哪怕自己的工作内容和影视挂钩，但是真的要跨进影视圈还是非常吃力。

因为她的所有经验都是围绕小说展开的，所以在 HR 看来，她是只跟过一点影视合作项目的新人，更何况那些项目还在筹拍、开发阶段，到底会不会拍，拍了会不会播，收视率怎样、预算怎样、票房怎样、主要演员的阵容怎样，都没有具体的数字呈现，要价还那么贵，还不如找中传、北电、北影等学校毕业的新人，便宜好用又心气低。

妹子备受打击，只能回头继续做编辑，偶尔接一两个编剧的活，这样慢慢用时间耗资历。

我还有个朋友做了很多年的品牌授权，手头一大把资源，某知名公司觉得她很优秀，主动邀请她去面试，朋友一路过关斩将，飞去面试了好几次，就连项目组的组长都对她说："我觉得你差不多定了，期待和我们成为新同事吧。"朋友也信心满满，结果却因为文凭只有大专，最终被 HR 给刷了。虽然朋友的实力受到项目组组长的肯定，但是 HR 的 KPI 在那里摆着，在 HR 的眼里，没有起码本科以上的文凭一切免谈。

朋友痛定思痛，一边去了一个还不错的国企继续做授权，一边去进修了个成人本科，准备等时机成熟再跳槽到业界最大的公司。

而就算你经验对口、学历优秀，HR 还是会考虑你现在这个年纪是不是要结婚了；就算结婚了，HR 也会担心万一你进了公司没多久就怀孕，哪怕现在不怀，一年后、两年后怀了呢。我甚至见过求职心切的女人主动对面试官说"未婚、不婚、不孕"。

就算你经验对口、学历优秀、年纪轻轻，暂时不考虑结婚生育等事，可是隔行如隔山，以前的经验如同虚无，哪怕有公司愿意要，开出的薪资也如廉价新人，一方面年纪渐渐变大，核心竞争力又没跟上，一时半会儿说不定混得还没以前好，另一方面生活成本逐年提高，这样的反差越明显，心里越不好受。

其实小真学历也不高，也是成人本科，但是她的能力非常强，不管去哪个公司都可以给公司创造百分之六十以上的利润，她可以替自己证明存在价值，哪怕她学历很低，优秀的程度远远超过不足的地方，她的实力足够给自己撑腰，她拍桌子拍得有底气，辞职辞得有底气，一年后再找工作也找得有底气。

后来，小真去了知名公司带一个项目组，并且拿到期权。

而能拥有无所畏惧的底气之前，是要拥有足够的实力。实力是很多方面，譬如年龄、学历、经验、人脉等，而不管拥有什么样的实力，归根结底是要给公司创收，这样才能最直观地证明自己的价值。

小真是个很聪明的女人，她用以前的公司为平台，最大限度地给自己积攒了资源，去到新公司立刻开拓新的品牌线，发现最大的问题是做了活动、宣传跟上但是票卖不出去时，立刻要求与微博、抖音、小红书等平台合作，并且想出一条从来没有人想到过的和全国的旅行社合作的策划，给公司带来大幅度增长的利润，让自己站稳脚跟的同时，也利用对外合作业务拓展自己的人脉资源。

在这个公司做成的一切、获得的一切，也将是小真日后跳槽的底气。

底气，表面上是一个人的态度，实际上是一个人的能力，没有永远稳定的工作，却有永远在增长的能力，能力赋予人们底气，真正拥有底气的人，必然会无往不胜，成为人生赢家。

# 挑战风险，才是迎接未来的正确方式

● ○ ◖

香港电影《无间道2》里有一句大家耳熟能详的台词——出来跑，不论做过什么，迟早要还。

这句话，换个说法就是：凡事有因有果，万物有报应。你种什么样的花，就结什么样的果。

自然，在职场上也是。

小蓓所进的虽然是家市值两百亿的上市公司，很多方面却是向国企靠齐，每个员工领一份固定工资，身上背的业务也少，每个人像是在提前养老，甚至有人一去就喝咖啡刷淘宝刷到中午，上班时间看电影、打游戏的也不在少数，每天的日子都非常优哉游哉，恨不得在这个公司一直待到退休。

小蓓却不一样。

小蓓之前待的是国内某个超级网红IP公司，发展平台不错，但是公司内钩心斗角特别严重，小蓓每年还要背几千万的KPI，工作导致她发胖、脱发、失眠，每天要吃褪黑素才能入睡。而她和上市公司的某个股东是非常好的朋友，相当于走后门，股东朋友安排她空降到这个上市公司，本意是之前她被虐得这么惨，就在这个公司好好休养。

上市公司也的确很适合休养，小蓓的薪水也几乎翻番，但是小蓓并没有为此放松警惕，在看她来，她的职场才起步，她还有几十年的路需要厮杀拼搏，她不能求一时安逸，却让自己陷入职场困境。

因为小蓓所管辖的商务部门是公司最核心、最具创造价值的部门，所以她一去公司，就主动向COO、CEO提了很多开拓公司业务的方案，成功地得到他们的认可。

小蓓对自己部门的业务要求非常高，也有心以自己部门为核心带动其他部门，扭转公司慵懒状态，但无奈有的员工已经僵而不死，每天都在混日子，大事不敢让他们干，小事他们不愿意干，一安排就质问他的业务范围是哪些，为什么要他做这些，哪怕接过去，心里也是充满怨念，好像安排他做事的领导做错了。

而有的员工觉得虽然工作稳定，但是自己的薪水太少，心里不想着如何加薪升职或者跳槽找更高薪的工作，又缺乏增强竞争力、提升自我价值的意愿，反而转头怨念公司垃圾、领导白痴、小蓓事多，天天消极怠工。

还有的员工对本职工作敷衍对待，却把副业做得风生水起，偷偷多赚一份钱也就算了，还沾沾自喜地觉得自己才是真聪明。

小蓓很快发现这个现状，这个公司太像国企，每个老员工都觉得自己拥有的是一份铁饭碗，长期稳定且单一的工作让他们觉得自己的职业生涯毫无风险，他们已经这样安全地工作了好几年，也预备这样安全地继续工作下去。

于是小蓓和其他人包括一些部门领导格格不入，她的策划方案时不时就被反驳，甚至有人在会上和她争执，当面反对她的策划，更别提那些普通员工，私底下经常吐槽小蓓。

小蓓也曾在茶水间听到其他人的议论，语气非常不屑和讥讽，但是她并不打算就此和他们沆瀣一气、放纵自己。

长此以往，老员工的工作态度越平庸，就越能反衬出小蓓的积极上进，老员工越原地打转、越不求有功但求无过，公司就越主动给予小蓓更多的发展空间和资源。其他部门不愿意去突破，甚至百般找借口不想做的项目，小蓓都会接过来，因为对方已经找了很多借口，她哪怕做砸了，COO、CEO 都不会过多苛责，而一旦做成功，功劳全是她的。

果不其然，COO和CEO都很喜欢小蓓，如果有合适的资源、人脉都会第一时间想起给小蓓搭线。

在两位领导的扶持下，小蓓的眼界和思维都拓宽了不少，比以前更有格局意识。

就在很多内部条件都不支持的情况下，小蓓在年底仍然交出了一份漂亮的述职报告。

而就在此时，公司被收购了，很多部门都被直接裁掉，那段时间，公司是愁云惨淡、一片哀号。小蓓本来可以幸免被裁，但是她的领导却觉得她还年轻，而且很有干劲，想了想觉得对她而言，离开这个公司是更好的选择，于是去帮她申请被裁。

同样是领到失业保险和N+1倍补偿，但小蓓和其他人却走向两条截然不同的职场道路。

小蓓用在公司获得的人脉获得一次面试机会，用自己达成的业绩说话，轻易获得一个主管职务，而那些老员工却由于长期不思进取，投入产出比很低，无法带来其他公司预期的价值，导致求职之路非常艰难。

就像有的人做了一辈子的售票员，总想着只要坐公交车就会需要这个工种吧，但没想到有一天，会出现无人售票的公交车，稳妥的铁饭碗瞬间被摔碎，做了一辈子简单的卖票、撕票、查票工作，又能再去做什么呢？

也像很多艺术类创作者，穷困潦倒时对世界还有深刻领悟，能创作出惊人的、有张力的作品，让人感同身受，一旦安逸了，天天衣食无忧耽于享受，感知会退化，灵感会慢慢枯竭，或许再也无法创作出打动人心的作品。

"越是没风险的公司越有风险，越是没风险的人生更容易完蛋。"小蓓如是说。

她从钩心斗角的公司中厮杀出来，早就明白职场是残酷的，是需要拼尽全力的，放纵的结果就是远远被别人甩在身后，最终被职场淘汰。

生活和人生，没有永远的避风港，也没有永久的铁饭碗，我们只能伴随着风雨泥泞一往无前，才有可能抵达想去的远方。

毕竟出来跑，无论做过什么，迟早都要还。

# 牢骚、抱怨，是职场上最没用的动词

● ○ ◖

多年前，当我刚进入职场时，曾在一家创业公司待过，于是遇到了领导小灰。小灰是个有一定能力的人，同时也是我人生中见过最具有负能量的人，她几乎无时无刻不在抱怨，所以以她优秀的资历才只混到了一个小组长。

当时，公司需要举办一个活动，会邀请旗下二十个重要合作对象和五百家公司出席，是公司年度的主要活动之一。往年都是由宣传部门主办，我们部门配合，但是由于两个部门领导之间发生过不愉快事件，部门领导便想干脆由自己部门操办。

而小灰就在这个时候提出了质疑："我们部门并没有主办过这种大型活动，业务范围也从来没有过这些，连租场地都不知道怎么租，更别提到时候还要安装灯管之类的，部门全都是妹子，谁会呀，就算有人会，人手也根本不够，别说对接五百家公司，就算那二十个合作对象的接机，都要忙疯。"

领导只好解释，她为这个活动已经拉到一些赞助广告商，她不希望这些资源到时候被宣传部门领导要走，所以才这么做。她也会让宣传部门派个同事来指导，到时候也会申请让其他部门来帮忙。

这是我第一次看到一个大领导对下属的抱怨耐心解释的。

小灰这才闭了嘴，虽然不再顶撞领导，但是她转头开始噼里啪啦地打字，不断地在没有大领导的工作组里吐槽，我的微信不断地发出消息提示音，一点开，就是小灰铺天盖地的抱怨，大致就是自己又不是来做宣传推广的，为什么一定要接对外的活动。

我们也只好顺着她的意安慰她几句，但是心里都很清楚，不想和这样的人多交流，更别提做朋友了。

但是另外一个同事微微就不同，虽然她是宣传部派过来给我们部门打下手的，但是她也积极地跑前跑后。那段时间她平均每天睡不足四个小时，协助解决了多个难题，给公司节省了费用，而且对接了上百家公司，协助我们的大领导与合作方争取到价值一百多万的场地和资源，协助物业免费拿到连主办方都拿不到的巨大广告牌资源。等到活动那天，由于宣传到位，到场人数超过预期中的五百人而增加到八百人，场地保安要求控制人数，她也紧急磋商沟通，保证活动顺利进行。

说到底，她只是协助这次活动，结果却发挥了核心骨干的作用，导致我们大领导对她的印象很深，哪怕两个部门领导之间有些矛盾冲突，但是大领导却会和她和颜悦色地打招呼、结伴去星巴克买咖啡。

到后来，公司因为业务部门调整要进行裁员，大领导没有保小灰，反而是在宣传部门大领导跳槽后主动把微微给要了过来。

虽然微微对于本部门业务没有什么经验，但是既然是大领导愿意要人，自然她也愿意带人。而微微也非常聪明伶俐，做事可靠又积极，哪怕让她处理再多鸡毛蒜皮的杂事，她也毫无怨言，很快就成为大领导的心腹。

微微给当时作为职场新人的我上了第一堂生动的课。

后来，我和微微成了非常要好的朋友，曾经一起吃火锅时，问她怎么看待她和小灰的不同结局，微微如实相告："小灰是感性的，所以她的抱怨是感性的结论，在我看来，抱怨是感性思考、衡量判断一个事情之后得出的垃圾反馈，因为她抱怨完也不做分析或者自省，没有得出实践方案，也没有得出结论，只是单纯地发牢骚而已。可能因为我是学理的，我很理性，我会客观地判断，得出实践结论和解决方案，我应该一要做什么，二要做什么，三要做什么，然后我就会去做。"

这时，微微才向我坦白当时被部门领导安排过来打下手时，她心里也有点不舒服，毕竟两个大领导之间的暗流涌动，下属们还是门儿清的。在这种时候，大领导把她给安排出去做杂事，她便知道自己在大领导心中的地位了，想着如果要裁员的话，她的大领导肯定会考虑裁她，她当时就在考虑找下家了，然后她分析了一下，如果能出色地完成那个活动，可以增加简历的分量，也可以给自己攒下不少人脉，于是她一边修改简历，一边本分地完成任务，只是没想到峰回路转，会被我们部门的大领导看中，给要了过来。

"我都不知道背地里还有这么一出，"我又问她，"难道你一直都这么理性，从来不会抱怨吗？"

微微老实说："拜托，我也是人，我当然也有私下抱怨的时候呀，但是我不会像小灰那样，只是单纯地抱怨而已，既没有解决方案，又不满足于现状，而我如果会抱怨，也只是提两句、发泄一下情绪而已，我不会反复提的，反复提就表示它已经是我人生中的困境，我更应该动手解决，而不只是说说而已。"

"所以每个人或多或少都还是会抱怨的。"

"对，这么说肯定没错，但是像小灰的抱怨就只是纯粹的情绪发泄，这种单纯的抱怨在我看来既浪费大家的时间，也浪费大家的情绪，这种抱怨是无用功，而且给人糟糕的印象，不需要多来几次。而我如果向朋友抱怨什么，在发泄情绪的同时，更希望对方能给自己一点建议，我的抱怨是理性抱怨，是为了解决问题。比如我在一开始谈恋爱的时候，因为男朋友是我的初恋，所以我和他的感情经常出问题，我也会忍不住和朋友吐槽，我的朋友就建议我去买点书，我吐槽完了就真的按照朋友给的书单去买书研究了，然后才发现我和男朋友的矛盾有一部分是真的可以调解，有一部分是只能接受现状的，那么我就觉得我的这个抱怨是理性的，起码它解决了我的部分问题，我的爱情到现在也不算完全没问题，但是我们挺相爱的。"微微开心地向我扬起了她去香港时买的 Tiffany 婚戒。

微微一直都是这么要求自己，爱情事业得到双丰收，等大领导怀孕后，部门直接交接给她管理，事业便稳妥地更上了一层楼，而小灰，听说换了好几家同类公司仍没有多大起色。

在职场上，人们免不了会有抱怨和牢骚，但是反复单纯的抱怨，只会给自己和身边的人带来负能量，也会让自己故步自封，还不自知。

我们更想向前，更想拥抱积极美好的未来，就不应该一直口头抱怨，而是应该去解决问题，只有解决了路上的障碍物，才能继续奔跑。

所以微微才比小灰值得拥有更好的人生。

# 职场不需要眼泪

前几天我在一本杂志上看到一句话——没有在洗手间痛哭过的人，不足以语人生。

我觉得说得很对，但是又说得不对。

晓雯的老板特别像《穿普拉达的女王》里的米兰达主编，除了本职工作需要处理外，还要求助理晓雯每天把办公室的植物浇一遍，中午准时把沙拉端到她办公桌前，每次倒的水必须刚好对齐一条横线，里面泡的新鲜柠檬片每片的厚度必须是两厘米……除此之外，她还会让晓雯去接她读幼儿园的孩子，去干洗店取外套，去机场接她爸妈，甚至要求二十四小时开机，因为需要随传随到，比如在午夜十二点宴会结束后接她回家。

有时候，晓雯实在忍不了，躲在卫生间哭着和男朋友抱怨，男朋友觉得老板是变态，叫她赶紧辞职算了。

但是晓雯不愿意，因为她听闻公司的某个副总曾经也是老板助理，所以她一面反过来安慰男朋友，另一面顶着压力手忙脚乱地做了一段时间，勉强有惊无险地度过。

直到有一天下班后，晓雯陪男朋友过生日，没有接到老板的夺命连环扣，等到晓雯接起来后，老板劈头盖脸地骂了她一顿，然后直接挂掉了电话。

晓雯当时直接被骂傻了，男朋友也生气了，男朋友从小到大读书都很优秀，个性也比较骄傲，当初同意她不辞职是觉得这个公司还不错，想让晓雯跟着老板学东西，结果没想到不只没学到东西，还成了一个跑腿打杂的，连晚上都不能有自己的时间，她学历那么高，凭什么要受这种委屈？

但是晓雯却觉得有钱的任性，没钱的就得拼命，如果她或者家里的银行卡余额超过五百万元，那么晓雯觉得自己是有资本玻璃心，但是她并没有，还需要用下个月的工资来交房租，所以，她从上班第一天，就告诉自己职场不相信眼泪，如果一直都不懂这个金科玉律，以后也多的是她哭的时候。

更何况老板比她还拼命，她还有什么资格矫情？

晓雯好好安抚了男朋友一顿，第二天诚恳地向老板认错领罚。

老板见她态度很好，难得摊开地说："我昨天听见你哭了，我当时语气是挺急挺凶的，但是我老实说，我觉得你这个助理并不合格。"

晓雯虽然有点委屈，只犯了一次错就被评定为不合格，但是老板都这么开诚布公地说了，就表示事情还有转机，她便鼓起勇气问了缘由。

老板说："你觉得自己优秀，昨天也很委屈，但是你作为我的助理，对我的情况根本不了解，只是完全依照我的吩咐做事，在我看来，你的文凭只是一张废纸，你的聪明一文不值。"

这时，晓雯才明白老板昨晚在陪客户想拿订单，中途客户心情很好，想看一看合同，老板才那么急着要，也没空安慰她。

这个时候，晓雯才完全明白老板的心态了。

马云说过：企业家不是侠客，公司就两个目标：活下来，挣钱。董明珠也说过：要让上级哄着你做事的，请回到你妈妈身边去，长大了再来面对这个世界！

公司不是福利院等慈善机构，可以大发善心普及大众，也不是学校等教育机构，收钱之后可以给员工画重点，一点一滴地教内容，学不会的地方还可以再来一遍，更不是自己的家，可以被无限地包容委屈和玻璃心。

公司是发工资让员工来创造价值的，对于任何一位老板来说，过程不重要，结果导向才重要，因为他们没工夫看过程，他们也不在意过程。他们坚持不管黑猫白猫，只要能抓到耗子的就是好猫，所以哪怕员工努力了九十九分，但结果为零，在老板看来，结果就是零。

在这种时候，不用她觉得委屈，公司也会找个合适理由请她离开，因为公司不养闲人，更不会养充满玻璃心的人。

在职场上，脆弱没人看，理由不必找，结果才是衡量价值的唯一标准。所以我们都要学会承担失败，在这些面前，语言的伤害真的太轻微，委屈的眼泪真的太廉价，不值一提。

晓雯开始反思自己，她把自己想得太重要、太悲惨，以至于忽略了别人的艰辛和不易。

能上位者，都是利用某种优势、自身实力一路厮杀上来，具有一定的过人之处，不可轻易代替，哪怕是很多人厌恶的谄媚、会来事、八面玲珑，这些在职场上并不能说是完全的缺点，而职位越往上走，承受的压力也越大，各方面被剥削的程度也会更高。

而身居高位的人，普遍具有强大的心理和全面的素质，他们能迅速消化委屈、解决问题、提升自己，甚至有时候忙得没空替自己委屈。

欲戴其冠，必受其重。这是真理，没有谁能随随便便成功。

而她一个小小助理竟然会觉得自己比一个老板更苦逼，这是一种多么荒谬的自我感动，而在哭的背后，投射的却是她能力差、心理承受力低等真相。

晓雯她想通了，在职场什么都需要，唯独不需要玻璃心、替自己委屈的眼泪、一文不值的自尊和无实际作用的辛劳。

职场新人，最重要的事就是学东西，明确自己的目标是什么，想要获得什么，在这里已经获得了什么，能匹配自己的目标吗？如果匹配，那就努力克服；如果不匹配，可以选择跳槽。

晓雯决定留下来，她开始仔细研究老板，明白为什么会要求她到点必须把沙拉送到办公桌上，因为她有胃病，不能饿，一饿就会痛，如果住院会影响工作。老板会要求她做一些私人琐事是因为老板上班太忙，实在抽不开身，而让她半夜接送，是因为领导应酬喝了酒，作为领导，都能工作到凌晨两三点，她还可以为工作的事躲在卫生间哭，但是老板只会在卫生间吐，她还没有老板拼，凭什么觉得自己委屈？

更何况她之前之所以会手忙脚乱，是因为老板不断地安排她做事，她只能处理了一个再处理一个，有时候事情一多，她就怎么也处理不完了。晓雯发现，她没有明确轻重主次，也没有进行系统分类，更没有想到老板的前面。

老板在交代工作的时候，她就是单纯地交代这个工作，至于完成的过程是什么，不是她需要考虑的地方，所以晓雯以重要程度、交差时间远近、哪一事的交差时间较远，但是工程流程比较烦琐，哪件事又可以马上着手处理，然后再ABC地排序。

晓雯不再像以前那样抓瞎，并且渐渐能游刃有余。到后期，晓雯主动事先规划，比如老板习惯半年邀请爸妈来玩一次，当她提前上交精心规划的几个策划路线，老板对她的行为表示满意。

两年后，老板把晓雯提拔为副总，管理一个重要部门。她觉得一切都苦尽甘来，只有拒绝玻璃心，永远做一个斗士，随时备战，才有可能在这个不太友好的职场世界里坚持下去。

# 优秀的人能时时保持痛感

在看某个综艺节目的时候，我看到其中一个嘉宾说了一段看起来很美好的话，她想和她的小经纪"不学无术、不劳而获、相爱无伤，做个幸福的小废物，从来不缺乏从头再来的勇气"。

我发给我的一个编剧朋友小薰，说这是个普通人不敢拥有的梦想，结果她回了我六个字：我也不敢拥有。

小薰是个地地道道的"白富美"，但她还是非常吃苦耐劳，甚至比普通人更拼。

小薰跟过剧组，曾和我说剧组是个类似军队、非常等级森严的地方，每个部门只管好自己手头事务，普通人的名字没有意义。因为观众看剧，质量一旦不满意骂的是导演、编剧、主演，他们不会单独骂一个小人物，也压根儿不在意。所以导演、主演、制片出于各种原因要让她改剧本，甚至是大改明天就要拍的剧本，她也是熬通宵地改。

小薰每次在跟组前都会保持着积极饱满的心态，结果却经常熬得一个星期都出不了门，甚至她还遇到过那种连百度百科都没有的三百六十线小演员打电话骂她，她当时就被骂得直哭，一边哭还一边组织语言反击，祝他一辈子都红不了。

人都有有情绪的时候，虽然小薰当时就放狠话说不写了，可是老板安慰她后，她也只能继续坐在电脑前一边哭一边改。哪怕小薰的家里是开公司的，一毕业就送了她一套别墅，她从来不缺钱，也不缺工作，但是能怎么办，难道就真的不干了吗？哪怕自己不想赚这个钱，但是也要考虑剧组这种耽搁一天进度就要烧掉几十万的地方，连主演都耽搁不得，她更没资格。

杀青的时候，小薰连脸色都是苍白，如果穿一身白到片场，都没人敢和她搭话，太像女鬼了。等一离组回家，小薰立刻连睡了一天一夜，喊都喊不醒，真的太不容易。

小薰不仅会写剧本、写小说、写游戏脚本，还签了个公司当演员，某一天又签了个直播平台做主播，平时有空她还会去练芭蕾和钢琴，是大家都羡慕的全能型人才。

我问她一辈子不缺钱，为什么还要给自己找不痛快，难道好好享受人生不是更轻松惬意吗？

她说她非常有忧患意识，她家是从她高中起才开始有钱的，她小时候过过穷日子，穷怕了，所以她很怕自己现在所拥有的明天就会失去，根本不敢只做个平平庸庸的废物。

小薰一直不放过任何机会，她的人生越来越多样，简历也越来越厚重，到现在，每个制片人见到她都觉得她非常难得，又年轻，却已经写过那么多的东西，项目交给她，他们很放心。

我也认识一位学霸师兄，出生书香世家，从小受到精英教育，去中石油面试时，面试官问他最大的优点是什么，师兄想了想回答："那就胆子大吧。"面试官立刻拍板："那就是你了，派你去伊拉克，你接受吗？"师兄只考虑了三秒就答应，因为他需要用这个机会当敲门砖进入中石油，而现在他已经成为一名优秀的经理。要被派去伊拉克这种动荡不安的国家，提心吊胆地工作，这是给予他的痛感。

格力集团的董事长董明珠，自己为格力代言，甚至做成手机的开机屏广告，曾遭到众多网友的嘲讽，但她是在努力保住格力电器免于动荡、颓败乃至毁灭。守住格力这个品牌，这是她的痛感。

董明珠说："我既要快半步，也要快一步。快半步是保持企业的核心竞争力，保持企业有合理的利润成长，但是我的利润必须拿一部分来做未来的东西。"

每一个产品，电视机、电脑、扫地机、洗碗机、汽车、支付工具格力都在不断研究，甚至逐渐形成一个完整的未来产业生态链。企业尚且会想到未来的布局，只有不断创新，推动技术的进步，才能让企业在残酷的竞争中存活下来。

何况是人呢？

太过风平浪静、不具痛感的人生，反而潜在危机，为他日埋下隐患。

我想起了一句话：世界上最可怕的事不是有人比你优秀，而是比你优秀的人比你还努力。

我见过太多不清醒的人，浑浑噩噩过日子，遇到点难事就退缩，守着一份做几年也不会增加多少的工作，做美美的"月光族"，每天去这个网红店拍照，去那个景点打卡，只考虑当下快活享乐，不曾想过明天，却从未想过社会分工是不断进化，有些职业在渐渐消逝，随着年龄增大，竞争力不敌年轻人，连银行都可以破产，国企都可以倒闭，超市也可以无人经营。英国的阶层已经固化，而国内正在趋向阶层固化。对于普通人来说，明天还有什么事不可能呢？如果这样的明天到来，该怎么办呢？

还有的人把自己的明天寄托在别人身上，放弃职场退回家庭，还窃喜自己嫁了个好老公，让自己从此衣食无忧，不用再看人脸色，不用再辛勤工作，却从未考虑过当伴侣不再想养她的时候，要怎么才能重新活下去。生活和人生，没有永远的避风港，父母会离去，生孩子可能不如生块叉烧，更何况只不过是起于荷尔蒙和欲望的爱情。

安逸过今天的人，明天吃亏的还是自己。

这再愚蠢不过了。

只有防患于未然，忧明日之忧，维持一份痛感，为可能会到来的冬日存粮，才不至于有弹尽粮绝的一日。

## 永远年轻，永远热烈，永远新鲜

● ○ ◖

曾经有个风靡一时的帖子，叫作如果你能回到五年前，你会告诉那时的自己做什么。

很多人纷纷遐想：

我会在填志愿的时候拼死和我爸斗争到底。

换成计算机专业，坚决不学土木。

做微博营销号，做新媒体公号。

扩大自己的交际圈。

开淘宝店，不至于到现在仍然是个小卖家了。

买房，而且不止一套，贷款也要买，借钱也要买。

因为天真没经验稀里糊涂地进了前公司，所以我想要好好做一份职业规划，而不是饥不择食，结果什么技能都没有。

把钱存下来买股票、买基金，买尽量多的股票、尽量多的基金。

从帖子上可以看出，每个人或多或少都会有遗憾、后悔的地方，但是且不说错过了就是错过了，遗憾永远都是遗憾，甚至还带有一丝不切实际的美好畅想在里面，其实倘若真的能实现时光倒流，这些畅想可能引发的只是一场蝴蝶效应，新的不可预料的人生比现在拥有的更好或者更坏，一切未可知。

很多人都觉得自己错过了一个发家致富的机会，当时没有嗅觉灵敏、抓住先机。

可是细细想来，难道错过的只是一次先机吗？没有灵敏嗅觉的人，哪怕告诉他下个星期买哪只股票会大涨，他也可能不放在心上，白白错过机会。而真正会炒股的人，会时时刻刻地研究各种时政动态、经济热点，会永远保持对资讯的饥渴感。

我见过一个做公众号的妹子，她偶然地抓住了一个热点写了一篇爆文，靠这篇文章吸引来了不少粉丝的关注，她顺势更新了好几篇类似犀利风格的文，却发现关注量越来越少，连互动频率都急速下降。

她曾经很愤怒为什么会是这样，说现在的小年轻根本分辨不出什么才是好的东西，甚至认为只要会炒作，哪怕是一坨垃圾，他们也会当作宝。

但是我却觉得道理其实很简单，一开始很多粉丝是被那篇爆款自带的热点吸引而来，但是她并没有仔细分析，以为喜欢的是她的犀利毒辣。其实她的文风已经略带老气，里面的遣词造句都给人一种格格不入的年代感，她没有保持一种年轻心态，没有把自己当新人一样永远更新词汇库，而是用已经固化的写作体系去写文，但殊不知这种写法已经过时。

大部分人的思维，都被拘囿在自己以往的经验里，按自己的思维惯性活着，不思进取，甚至还怪罪他人、怪罪公司、怪罪社会，却忘记了最应该怪罪的其实是自己。

因为固化保守，可能仗着某一方面的经验，吃过几次红利，得过一点甜头，便从此把它当作真理，把思维固封起来，藐视其他新事物，觉得年轻人的思维是一团烂泥，糊都糊不上墙，开口闭口"想当年""听我的"，不容他人置喙，却不管时代更迭变迁得有多快，还以为守着那套生存经验就可以通吃全世界。

这让我想起了我曾在网上看过一个视频，博主不知道 5G 会在未来给人类带来什么改变，于是把问题改成 4G 有什么用，并且把时间设定成 2012—2013 年，也就是 4G 即将商用之前，他发现当时大多数人都是抱怨 4G 没有什么用，定价还贵，也出现过一些预测，当时有人预测用手机看电影会方便很多，有人预测到 4G 有利于普及支付，也有人认为 4G 的上网速度可以直播。而现在，大家都知道由 4G 带来了付款方式的变革，也推动了这个全民皆可直播的时代来临，更不用说还有各种外卖、电商、打车平台的兴起，短短五年，4G 和它催生的服务，深刻地改变了每一个人的生活。而在五年前，很多人都跳脱不出当下思维的限制，只是觉得"哦，就网速快一点而已"。

所以有的人能预测先机，有的人能自己制造时机，但有的人错过了一个又一个近在咫尺的机会，错过楼盘，错过股票，错过电商，错过直播，错过营销号，错过各种 App 的兴起，我相信，他们还将继续错过 5G 带来的机遇。而他们还在望洋兴叹："曾经有一个机会摆在我的眼前，我却没有珍惜。"

这样的人目光短浅、故步自封，守着自己那点老旧却浅薄的经验当人生最大的财富，也只能一直在错过的路上。

和他们相反，我想起了认识的一位靠读者打赏、订阅就能月入几万的网文作者，如果不出席活动，不会有人知道她是"80 后"，因为她写的内容永远贴近当下，会懂各种"90 后"甚至"00 后"会懂的梗，各种段子信手拈来，甚至好几次写的微博段子转发量都超高，她笔下的小说人物没有脱节感，哪怕是写高中校园小说，都能写得贴合人心。因为她一直保持年轻心态，把自己当作才毕业的新生，永远有渴求，永远热烈积极地以新人之姿态学很多东西，她为了写好校园文，曾经关注过十多位初高中学生的微博，还时时和自己的表妹交流，从他们的日常中了解现在的学校生活是怎样的，才能在每个细节处写得有代入感、真实感。

她说："现在每个方面都更新很快，我每天都觉得自己老了，所以我每次写文都会反复推敲，甚至会发给一些小读者提提意见，我发现他们所喜欢的、所想的隔三岔五就在变，我必须永远保持学习的心态，永远在更新，才能跟上她们的步伐，不然就真的是老古董了。"

这位网文作者很敏感，她发现这个社会真的变得很快，去年流行的衣服款式今年已经过时，20世纪的很多社会现状，21世纪已经见不着，2015年流行做公号2016年就已经在流行拍短视频，2016年流行共享2017年就已经颓败，每天都有很多老事物消退，又有很多新事物冒出来。

所以她一直更迭知识体系，永远对各种新事物保持新鲜态度，愿意去尝试去思考，永远做好奇求知的学生。

"一招鲜，吃遍天"的时代已经过去，只有日日创造新鲜，才能永远热烈相爱，对工作、对恋人、对世界都当如此。

第三部分

爱情篇

# 谁能凭爱意要富士山私有

●  ○  ◖

陈奕迅的《富士山下》很多人都耳熟能详，是作词人林夕去日本旅游时有感而写的。他在词中写"谁能凭爱意要富士山私有"是指你喜欢一个人，就像喜欢富士山一样，你可以去喜欢、去感受、去拥抱，但是没办法真正地拥有他。

林夕用寥寥几句歌词表达了世人真实到残忍的恋爱观——没有人会百分百地交出自己，你也无法百分百地拥有对方。

我会注意到这首歌的歌词，是一次去 KTV 时，朋友带来的朋友唱到哽咽，朋友说她正在经历一场失恋，我想一定是里面有什么字眼刺痛了她。

朋友后来和我讲述了这个妹子的爱情史。

妹子长得娇小甜美，所以总有谈不完的恋爱，一场接着一场甚至可以无缝衔接，但是她其实有些爱得盲目，很容易在爱情中迷失自己，正在热恋就已经畅想婚纱一定要穿 Vera Wang，戒指一定要戴卡地亚，度蜜月一定要去大溪地，可往往美梦还没做完，两个人就已经分手。

妹子总是哭，她不懂，她那么投入地爱，为什么还总换来悲惨的结局。

她怪上帝，觉得上帝不公。她怪星象，最近水星逆行不宜沟通，金星被刑，瞧，感情果然出了问题。她最怪男生，自己遇到的全是渣男，不好好珍惜自己，却唯独忘记反思自己。

她的爱太过激烈、太过没有分寸感、太过占有，让对方无法承受、感到窒息。

恋爱这门学科，她从来不及格。

她当时要求男朋友告知手机、QQ、微信等的密码，并且把他每一条微博的 @ 和下面评论的人的微博都翻遍，特别是异性对象。

每次发微信男朋友超过十分钟不回她就要打过来，每天必须说早安晚安，去哪里都要报备，不能先斩后奏，去的聚会如果没有异性，晚上 10 点之前必须回家；如果有异性，必须带她一起去，晚上 10 点之前再一起回家。

因为她能做到，她就觉得对方理所当然也必须做到。

她的男朋友有段时间沉迷一款网络游戏，她觉得自己受到冷落，于是趁对方洗澡的空当登录游戏，挨个给游戏里的好友发私信，要求对方不要再破坏他们的感情，收到私信的网友都感到莫名其妙，这件事成了那个游戏区人人皆知的"私信门"。男朋友和她大吵一架，他觉得太侵犯自己空间，可她却觉得没错。

还有一次是男朋友在酒吧和朋友喝酒喝得比较晚，因为她禁止男朋友喝酒，男朋友并没有接受她的视频邀请，她就持续发了五分钟的视频邀请，男朋友被逼得没办法，微信回她在吃烧烤，她立刻要求男朋友拍一张把签子放在盘子上面交叉成十字并且露出手表时间的照片过来，以示没有撒谎，所有朋友都笑她男朋友被妻管严。

男朋友第二天就提出分手。

她完全不理解，她觉得在爱情里安全感是由对方给的，她能给他百分之百的安全感，但是他没有给予她充分的安全感，她才会这样做，说到底她才是受害者。

男生只觉得她不可理喻。

我并不知道她是不是从陈奕迅的这首歌里忽然领悟到了某些真谛，后来过了两个月，听朋友吃饭时突然说起这个妹子，说有个男人向她告白，她却拒绝了。

所有人都不明白她怎么了，朋友也以为她是走不出伤心，大家都劝她赶快恋爱好转移注意力。

可那个妹子偏不，反而是养了一只狗，像训儿子一样地天天训狗、遛狗。

再后来过了一年，听说她总算又交了个男朋友，但是这次好像恋爱得久了一点，起码我和朋友聊到的时候还没分手。

我朋友觉得不可思议，怎么有男人受得了她呢？难道总算锅配上了盖？

后来，有一次我在咖啡店遇见她，就带着求知精神去询问。

妹子是在养狗的过程中懂了很多。

在遛狗的时候，如果绳子拉得越紧，狗就越抵抗，如果放长绳子，让狗自在地跑上一跑，它很快就满足了、累了，自然而然地就会回到身边来。

一开始她给狗扔肉骨头，狗以为会抢它食物而对她龇牙咧嘴，甚至想扑过来咬她，所以并不是你所谓的对它好，在它眼里就是真的好。

她已经调教过狗一段时间，但是它依然不受控，比如趁她上班，把她新买的拉杜丽腮红打翻在地，她会果断把狗关在阳台反思。

狗讨厌吃狗粮，哪怕它对她撒娇，她也会冷淡对它，坚持喂狗粮。

就在驯服动物的过程中，她忽然明白，其实男人女人也是一种动物，某些动物天性是相通的，和男人相处也是一种调教，一种你来我往的从物质、精神到行动上的博弈，而不是一味地去讨好再去强加控制，这样反而适得其反。

她总算明白恋爱的成功不在于不停地谈恋爱、换所谓正确的对象，因为出错的那一方一直是自己。

倘若她还执迷不悟，除了跌跌撞撞让自己不停受伤，或许换来别人少许的同情，但并不能换来她想要的爱情。

她开始像吊车尾的学生，开始重修恋爱这门学科。这一次，她告诉自己不要急，她还没做好迎考的准备，她的人生还很长。恋爱并不是像百年难遇的流星雨、只盛开一晚的夜昙、深夜里最后一班地铁，错过了就真的错过。

她翻开前男友们的微信，让对方列举出她身上三条最致命的缺点。"控制欲强""会像踩到脚的猫一样炸毛""把别人当垃圾桶""煮的东西并不好吃""有点矮，有点胖"，虽然听起来很残忍，但是也是真相。

她无法改变身高，但是可以改变体重，她报了健身班，下载下厨房 App，去网上上情绪管理的课程，注重情商修养，学会好好说话，虽然性格并不能彻底扭转，有时情绪还是会上来，但是她也在力所能及的范围内努力改善。

人的短板总会随之出现木桶效应，这个妹子在恋爱中的短板明显，所以她不求优秀，但求及格。

哪怕这次恋爱最后会失败，但是她也已经不是吊车尾，我相信她迟早会从恋爱大学毕业，实现结婚时想穿 Vera Wang 婚纱的畅想。

# 善于无用的女人，是厉害的女人

● ○ ◖

柳原道："有的人善于说话，有的人善于管家，你是善于低头的。"流苏道："我什么都不会。我是顶无用的人。"柳原笑道："无用的女人是最厉害的女人。"

——张爱玲《倾城之恋》

我见过太多女人在恋爱中趾高气扬、吹胡子瞪眼的，遇到一丁点儿不如意就发脾气，和男朋友闹矛盾就硬刚，拿出辩论的架势势必要辩出个对错。也见过太多女人在恋爱中畏畏缩缩，卑微到土里，除了自己整个人整颗心，恨不得把所有都倾囊奉献出去，自由、时间、金钱巴巴地捧给对方，从此没有自己。

以上两种不管哪种，我都觉得是没有脑子的表现，前者觉得吵赢了就是赢，但其实说出来的话都是一把刀，互撕的同时也是互相伤害，将自己的爱情推到死局。而后者直接举白旗投降，将自己交给对方处理，最终只能成为爱情的奴隶。

　　张爱玲师太说"无用的女人才是最厉害的女人"，但是也千万别把无用理解为什么都不会。

　　人生从来没有随便成功这么一说。

　　婚姻并不是职场，老公并不是同事，彼此并不是各自独立又平等合作的关系，而更可能是合二为一、互补互助的关系。

　　真正聪明的女人，是懂得外表示软、内在自我的女人，即很清楚自己想要什么，但会四两拨千斤、以柔克刚、以退为进，将刚和软糅合在一起。

　　细细是个从三十八线小城镇跑到一线城市打拼的女人，出生非常一般，可即便如此，她的婚姻也非常美满。

　　我曾总结过，她最聪明的地方就是懂得无用、懂得示软。

　　他们当初是自由恋爱，她老公对她一见钟情，热烈追求，细细很懂得维护这种心情，所以她说话从来都是轻声细语，我们好多次聚餐时，都发现只要她老公一说话，她总是托着腮充满爱意地看着他，嘴角弯弯微微上扬，她总是走心夸赞，给足老公面子，但从来不贬低自己，在她看来，爱是平等相互的，她肯定也是值得被爱，才会真的被爱。

所以她从来都是看似无用，时时刻刻崇拜对方，但其实她非常有自我。

而有一次，她老公因为太忙而忘记了和她的约会，她非常生气，并且一度冷暴力处理，但第二天她就手写了字条放进老公的西装里，里面写了她为这次约会做了哪些准备，比如特意花了两个小时编了个好看的头发，穿了件很显身材的细带连衣裙。她并不是生他的气，只是觉得自己打扮得这么美，却没有让他看见，而她还亲手做了个蛋糕准备带去，可惜最后也没有让他吃上一口。

她老公看到后非常感动，下班时就买了一份 H 开头的奢侈品牌包做补偿，并且主动道歉，说下次有空一定会带她去那家餐厅。

在两个人打算结婚时，他们也遭到男方家长的反对，婆婆每次见到她都很嫌弃，细细除了礼数周到地出席必要的场合，其他时候都尽量避免和婆婆接触，私底下也向老公表示自己的"无用"：我是不是哪里做得不够好，才让咱们妈不喜欢我？

老公当然很心疼细细，在给予物质补偿的同时，也背地里向他妈妈做思想工作，而她只是逢年过节的才给婆婆打问候电话嘘寒问暖、买贴心礼物，其他的她都没有参与。

在两个人的感情中，她用"无用"搞定了老公，却没有自己贸然出头，去加深和未来公公、婆婆之间的间隙，她一直扮演的是软的那个角色。

在这场婚姻里，她老公的立场一直很坚定，她暗地里的付出其实不少：一要回馈她老公的各种情绪；二要维持他们的感情浓度，让他坚持觉得爱她是对的；三要让未来公公婆婆渐渐接受自己。

一年后，他们总算顺利结婚，细细的那些看似无用的示软，其实都只是手段而已。

虽然她温柔嘴甜、善于崇拜，在平时的生活里充满小情趣，善于制造高浓度的感情，但是示软并不意味着就是示弱。

一味示弱、觉得自己无用、让别人察觉到自己的气场弱，都是很难交换回来平等尊重的，而吸引到的往往也都是些大男子主义的人，而又因为本身气场弱，迟早会被对方凌驾于上，到时候将变成真正的无用。

所以在相处的过程中，如果是细细做错事，她会马上道歉，但是如果是对方做错，或者两个人有原则性问题发生争吵时，她会就事论事地沟通。在这种时候，她不会撒娇示软，因为这样可能会让对方误会，以为这是她在用撒娇的方式求原谅，是她在为自己的错误找台阶下，而迷之自信错不在自己了。而哪怕对方示软说"好吧，是我错了"这种话也不行，因为这可能是对方不想和她争执而在退让敷衍她，或者想糊弄过去，压根儿意识不到是他有错，那么这个问题还是没有从根本上解决，哪怕短暂和好，一时敷衍过去，日后相处中但凡再遇到类似情况还是会重新争吵。

她曾经说过："谈恋爱就像是买衣服，我们去商场买衣服的时候，肯定总会先挑选当季新款中最好看的，除了经济窘迫，很少有人会首选几年前的旧款。而结婚就像是穿衣服，我们考虑的重点不是款式是不是应季的，是不是最新款的了，而是质量会不会和从前一样，它是用什么材质做的，剪裁怎样，会不会变形，好不好穿，好不好洗。买衣服看穿起来怎样，穿衣服看打理起来会怎样，要是能做到内外兼修，自然是最好，买衣服的人也舍得多花钱买它。如果做不到，也要让买衣服的人觉得好穿，让他觉得一直舒服，不要这里有线头那里穿着扎人的，那样买衣服的人买完后也会好好对待它，一直肯定它的价值。"

结婚并不是一劳永逸的事，大把的是今天结婚、明天离婚的人，无论什么时候，女性朋友都应该有危机意识，也都应该知道，以柔克刚本身就是一种不弱的力量。

## 有时候，后撤比冒进更有效

在感情中，绝大多数人知道怎么冒进，也敢不顾一切后果地冒进，却很少有人懂得如何后撤，甚至觉得后撤是一种放弃、退让的姿态。

但其实有时候，正确的后撤比冒进更有效。

我有一个朋友小青，她就很懂得在问题胶着时如何正确后撤。

小青是个很特别的女人，她没有完整的子宫，医生检查说子宫发育不完整，所以她从来没有经历过生理期，也无法生育。

当时她老公主动追她，她也很喜欢对方，于是花了很长时间来培养暧昧期的感情，等到他主动告白，戳破那层窗户纸时，她就坦白了自己的事，老公一度很震惊，也不知道该怎么办。

小青就哭得很深情地说:"你可能不知道,在遇到你之前,我已经做好了一辈子不结婚的打算,但是现在又让我遇到了你,我明明知道自己没有去爱的能力,但是爱一个人就不是能够理智控制的行为,所以我爱你爱得很煎熬,因为我真的没有安全感,我其实很舍不得离开你,但是或许这样对你我都好。"

小青就立即断联后撤,默认为不再见面。

没想到她老公痛苦了一段时间,发现喜欢她的心情还是占了上风,又重新回来找她告白,伤心地说他真的离不开她,他想要继续和她在一起,不管她能不能怀孕,他都会好好对她,请她给时间来证明。

接下来小青就以退为进,两个人开始正式谈恋爱。

虽然小青表明立场后的确做好了分手的准备,但是她的后撤并不是盲目冲动的后撤,后撤需要有底气、有王牌才能有效进行。

如果小青的老公完全无法接受,不再折回来找她,那就是起到了完全相反的作用。毕竟这一招只是有可能使对方回头,但是无法做到百分百使对方回头。

在此期间,小青用心经营两个人的感情,增加两个人的感情浓度,但是在婚前也给自己买了套小房子,说是以后做家庭投资。

在结婚前,小青理所当然地被男朋友的爸妈反对,而这一次,因为有爸妈的竭力劝说,小青的老公处理得非常慢,甚至当小青询问时，一度也只是敷衍搪塞过去。

小青也很明白自己的爱情岌岌可危，她表明非常想做些什么，却因为自己的身体，被公公婆婆看低，阻拦她嫁给他，她完全没辙。虽然她想一辈子都和他在一起，但是她实在不知道该怎么说服长辈接受自己，如果他做好取舍提出分手，她完全接受。

小青把事情的主动权再次交给老公，自己选择了后撤。

结婚虽然是两个家庭的事，但最主要的还是两个情侣间的事，他们会组成自己的小家庭，在此时男朋友推进得很吃力，也就是表明他心中已经有所动摇，或者想下意识地回避，没有过多争取，所以才会陷入僵局。

而这时，小青用后撤来表明自己的态度，要求他尽快在双方之间做出二选一。倘若他选择了她，那么自然要去解决如何结婚这件事；倘若他舍弃了她，也就证明自己在他眼中不过是食之无味弃之可惜的鸡肋，他并不害怕失去。

这一次，小青提着行李箱离开，虽然两个人还有联系，但是他们默契地再也没有谈过结婚这件事。

因为她无法生育这件事，是触及长辈底线的问题，并不是她做出一些努力就能修复改善的。

所以只有接受、不接受这两个选项。

小青离开后，她几乎每天都吃不下东西，翻来覆去地把以前的信息和照片翻出来瞧，内心一直在痛苦，却强迫自己不能回头找他。

小青一边痛苦，一边频繁更新朋友圈，发布自己的动态，展现自己独身生活的多姿多彩，让男朋友知道自己哪怕不结婚也可以过得很好，而会选择结婚，完全是因为爱他，想和他在一起。

与此同时，她老公每次在微信上的留言，她也会回得很精心讨巧，继续远距离地操控感情浓度。

比如大半夜地用外卖 App 送胃药到家里，因为突然想起来他有胃病，怕家里没有储备的药，万一他突然胃病发作，她又不在身边不能照顾他，她会心疼他的。

比如特意在他过生日时，穿上他喜欢的款式衣服在朋友圈发自拍，P 个蛋糕的图，不明说，但是又在祝他生日快乐。

比如又偶尔给他道晚安，暗示晚安就是"我爱你爱你"的意思。

当然，小青一直都是在用最少的成本去挽回这段感情，因为她虽然在努力，却也已经做好恢复单身的准备。

两个人那么多年都非常甜蜜，男朋友本来就不想分手，所以当小青离开后还在继续爱他，他就去努力说服爸妈，在说服未果之后，他自己去开了一份假的体检报告，告诉爸妈是他不育才选择找小青结婚的，等婚后过几年，他们会去领养一个孩子。

爸妈震惊之余，只好被动地同意两个人的婚事，两个人总算顺利结婚。

婚后，小青用聪明和贤惠获取了公公婆婆的喜欢，而老公也表示如果假体检报告的事一旦败露，责任就全推给他，毕竟她也事先不知情。

很多女人听完小青的爱情故事，总是羡慕她有个深爱她的老公。

但其实在这场感情的对弈和拉锯战里，看似被动、被选择的小青，才是牢牢占据主导权的人。人生几次感情大节点的事情上，她都用后撤来维护自己的底线。

后撤，即意味着并不是破釜沉舟孤注一掷，可以自己设置坚守的底线，随时都有后路，提出时不用小心翼翼，不容他人置喙，对方倘若接受，便可以继续下去，倘若不可以接受，起码走的姿态也可以潇洒坦荡。

## 只有不将就的爱情，才不会是退而求其次的爱情

● ○ (

朋友阿蕙曾在大半夜里给我发语音，男朋友和她不在同一家公司工作，结果今天等男朋友去洗澡时，她发现男朋友和女同事在微信上勾勾搭搭的，男朋友还宣称自己是单身。她想和他分手，但是想着自己二十二岁和他谈恋爱，还是初恋，一跟就是五年，最美好最年轻的时光都是和他在一起，如果真的分手了，总觉得很不值，也很不甘心。

那天我没有及时看到信息，等第二天建议她分手时，她却半天都没有回应。

等我忙完主动找她询问情况时，她却说昨天她忍不住和男朋友摊牌发脾气，男朋友立刻认错，当着她的面向女同事发信息坦

陈已经有女朋友，并且发誓以后只会在工作有需要的时候联系她，她可以不定期翻他手机，检查他有没有再犯。她一时心就软了，想再给男朋友一次机会。

我说她做错了。

阿蕙说："那我能怎么办呢？我已经二十七了，年初的时候见了双方家长，接下来就该奔着结婚去了，只要他愿意改，我可以给他机会。"

阿蕙想得很天真美好，我却觉得她的婚姻很危险。

想一想，我们是否有被奇葩领导刁难，项目成果被其他同事抢功，想痛快地裸辞，却又只能忍气吞声的时候；我们是否有想换工作却又瞻前顾后地计算着社保、生活费、房租等，只好继续拖着、混着要死不活的日子；我们是否很明白一个人的劣根性，千百次动过想要离开的念头，却又贪恋某一点好，对方只要一道歉一服软，就自动找对方身上闪亮的点，犹犹豫豫不再说分手。

是脾气太好，能无限容忍领导和同事的欺压吗？是觉得手头的这份工作薪资待遇还可以，公司福利完善，所以才拖着不肯走吗？是觉得身边的他足够优秀足够爱自己，所以才不离开吗？

很明显，并不是。

当猴子只看到芝麻的时候，就会捡起芝麻，看到了西瓜，猴子就立刻把芝麻给扔了，去捡西瓜了。连猴子都懂得哪个才是好东西，更何况人呢？

很多人都会像阿蕙一样诉苦："我也不想这样啊，只是除了这个，我没有其他选择了，只能将就哇！"

"将就"这个词，是中国人使用频率非常高的一个词汇，同义语还有：来都来了，退而求其次。

来都来了。

去旅游时，发现景点和自己想的不太一样，但是来都来了，还是玩一把吧。去电影院看新上映的电影，发现电影真烂，但是来都来了，还是看完吧。春节里，八竿子打不着的亲戚一直追问个人情况：有没有男朋友哇，工资多少哇，今年能升职吧，哎呀真想走啊但是来都来了，还是嗑嗑瓜子混混时间吧。去商场时，发现自己没有什么想买的，但是来都来了，还是随便买双鞋吧。

来都来了，便意味着现实的状况不如预期，但即便如此，因为之前已经付出一些成本，不管是金钱、时间还是体力上的，如果不愿意成本一去无回，只能选择将就。

退而求其次，是指一个人得不到最好的，只能去要相对好一些的了。

当早餐没有豆浆油条时，只能退而求其次选择吃燕麦。在没有下家公司前，只能退而求其次继续待在上一个公司里。因为没有更好的恋爱对象，所以只能继续待在这个男人的身边。

我们会发现，在我们会使用"退而求其次"这句话时，所表达的往往是不满、怨念，但由于各种客观原因而不得不勉强接受、不得已而为之。

其实不管是"来都来了"，还是"退而求其次"，之所以让人们一时无法抽身，不能迅速做出抉择，主要是因为涉及沉没成本。

"沉没成本"是指由已经发生的，而不能由现在或将来的任何决策改变的成本。代指已经付出且不可回收的成本。

此刻的阿蕙就是太计较自己的沉没成本而选择原谅，但是或许她选择原谅就是个错误，如果继续错误下去，成本将累积增加，她可能会遭受更大的损失。

作为她的朋友，我建议她反过来向男朋友索要沉没成本投入，譬如以惩罚为借口，要求把工资卡上交给她，或者要求对方在买房的时候必须加上她的名字。

加大了对方对爱情的成本投入，以至于对方在下次犯错时会担心犯错的成本太高，而主动放弃犯错，在提出分手时也更为慎重。

很多老一辈的夫妻，闹了几十年的离婚，结果还是搭伙过日子，因为双方一计算离婚后把几套房子、几辆车子、全部存款一分为二，还考虑到面临意外、生病等需要人照顾的状况，就会偃旗息鼓了。

但是阿蕙的情况并不是这样，她男朋友的沉没成本投入太低，所以才可以轻易犯错，而他会犯错的最终原因是不够爱阿蕙。

因为不够爱，所以他觉得和阿蕙在一起是退而求其次的选择，是他低配了的爱情。在他眼里，他的条件远优于她的，所以当有其他合适的女性出现时，他就会转移爱的目标，因为他不想再将就。

这已经是核心问题。

哪怕阿蕙这次处理了女同事 A，明天可能还会冒出个女同事 B，后天再冒出个女网友 C。

这将导致他们可能走不到婚姻那一步，如果她不及时脱身，还贪恋着那些沉没成本，那么就像是在一艘已经破洞的船上，以为只要把海水舀出去，海水就会停止倒灌，最终却只能抱着自己剩下的东西与这艘船一起沉没而已。

阿蕙听完，明显感到震惊，没有谁愿意在势均力敌的爱情里成为其次的那方，哪怕她一时接受，也很难一直都能接受，时间一长，投入成本越大，更是伤人伤己。

我记得有一部电视剧有一段台词——爱情是不能退而求其次的。周大山退而求其次，做王琪的朋友，而并不幸福；方以安退而求其次，小凡退而求其次，做了孩子的父母，结果两个人都不幸福。只有爱或者不爱，没有次爱，爱就是爱，不爱就是不爱，不能够退而求其次。

如果一段爱情，双方都在将就，那么这本身就不是一段正确的爱情。我建议阿蕙再认真考虑。

阿蕙思考了半天，还是提出了分手，虽然男朋友大感意外，他的爸妈觉得她小题大做，好端端的为什么要因为这点小事提分手，甚至连自己爸妈都不能理解，人家不是已经道歉答应不再犯了嘛，婚姻都是相互包容的，她眼里容不下一点沙子，她怎么还嫁得出去呀！

但是阿惠也坚持了立场，搬了出去。

阿蕙开始在相亲网站上大量相亲，最终找到了一个工程师，对方很喜欢她，各种主动约她，对她很大方，也可以很清晰地说出喜欢她的原因，两个人很快就结婚了。

阿蕙在二十九岁那年成功地把自己嫁了出去，那天，她感慨地说："我现在很庆幸和前男友分手了，原来真的只有不将就的爱情，才不会是退而求其次的爱情。"

# 越热恋，越清醒

前同事恩恩在二十八岁时才谈了人生中的第一场恋爱，在一次相亲中她和男朋友一见钟情，对方很快就约了第二次见面。她当时推托要出差，把约会时间延迟了一周，在此期间，她就在微信上和男朋友保持密切的聊天，那些看似随意的聊天，都是恩恩想要更多地了解对方是不是自己需要的那个人。

后来，男朋友一句"欠了朋友四万块"，让恩恩有过片刻的警醒，但是对方解释说是之前家里出事需要救急，欠了朋友的，说得有理有据，恩恩选择了相信。

在交往过程中，恩恩觉得男朋友虽然对她照顾有加，每天嘘寒问暖早安晚安不断，不仅把她哄得很开心，还主动发朋友圈宣示主权，只是很少给她买实质性的东西。在热恋期间，一般都是男方投入最多的时候，可是对方不仅不大方，还全是用她的钱，但是恩恩想着他还欠朋友的钱，她也不是缺钱的人，觉得一切还是很合理的。

她从来没谈过恋爱，所以对于感情的进展比较保守，虽然很喜欢男朋友，还是决定不那么快发生男女关系，男朋友也表示尊重她，恩恩更加确定自己找对了男朋友。

虽然男朋友很想快点结婚，但恩恩的爸妈却觉得可以再等等。

恩恩不太懂爸妈为什么又催着她结婚，等她找到了结婚的对象又说再等等，她非常强硬地要替自己的婚事做主，和爸妈一点点地磨，势必要让他们松口。

直到后来，男朋友年底要拼业绩，开始长时间地加班，还要和男同事去海南出差。

男朋友出差后的第一天就说想恩恩了，还给她发了一张对着电视机拍照的图，恩恩从电视机的画面中敏锐地察觉到男朋友睡的是一张双人床，但是一般公司出差的话定的是标间。恩恩没有打草惊蛇当场质问，而是等到男朋友出差回来，她趁着男朋友去洗澡的工夫，解开了他的手机，恩恩翻过男朋友的微信，没有发现什么异常，只是有一个分类标签为同事的联系人的头像在最上面，里面却没有任何聊天记录。

恩恩当时心里就有了不好的预感，但她也没有把这个当作铁证，而是点开了设置，再进入隐私，把定位服务那一栏拉到最底下，再点进系统服务，就会看到男朋友常去地点的历史记录，手机甚至能精确到几月几日几时几分几秒。

而这时，恩恩看见了男朋友之前所谓的加班都是谎言，他都是往返公司、一个小区、出租屋三点一线，而且出差住的五星级酒店规格也超出了公司的预算，据她所知，他们公司在海南的业务并不多，恩恩有理由怀疑，他不是和同事出差，而是和住在那个小区的某个女人一起去旅游。

恩恩等男朋友洗完澡回来，就把自己的猜想和盘托出，男朋友没有任何挣扎，直接承认发现恩恩对他有好感之后，他就和前女友谈分手，他所谓的欠了朋友钱，实际上是给女朋友的分手费还欠了四万块钱，因为她怀孕了，而后来前女友回过头来找他，他又忍不住旧情复燃了。

恩恩果断地和男朋友提了分手，后来，她才知道爸妈早就觉得她的男朋友段位比她高，很怕她在感情中受骗或者受伤，但是又不好直接棒打鸳鸯，才只好说再等等。果不其然，对方等不及，于是犯了错露了馅。

"没有所谓的一见钟情，只是因为看上对方的外貌或者条件而已，所以当时我看上他的外貌，他看上了我家里的条件。一般男人都不喜欢在朋友圈发女朋友的照片，如果发的话，一般都是女朋友长得很漂亮，可以让他很有面子地炫耀，但是我并不属于这一种，所以他是为了讨好我才发的，"恩恩反思道，"我挺吃他那一套的，所以他露出过蛛丝马迹，我也没多想，而是找个自己可以接受的理由搪塞过去，但是我本身算是个敏感的人，所以很容易去观察一些细节，甚至会下意识地去学习一些情感方面的小招数，才能发现他手机里的猫腻，幸好还没真的结婚，一切都还不晚。"

很多女孩子一谈恋爱，就像是飞蛾扑火，感性战胜理智，情感压倒思维，对于男方的种种行径，都可以找出一些合理化的解释安慰自己，可是这样总会把自己拖进沼泽深处。

有些男人拒绝带女朋友去见他的朋友，总是一个人去赴约，理由是"不合适，都是一群大老爷儿们，你又和他们不熟，我怕到时候你尴尬"，女朋友就天真地相信了。可是如果两个人真的是情侣甚至是夫妻，彼此融入对方的生活圈子是理所当然的事情，如果深爱，恨不得急忙忙地带出去见所有人，昭告天下自己有个多棒的恋人。

有些男人爱游戏胜过爱女朋友，看手机的时间超过陪女朋友，每次和他畅想未来甚至婚后家庭的规划蓝图，他虽然也会附和，但总是心不在焉，提不起兴趣，甚至直接说他还要拼事业，现在考虑这些为时尚早。女朋友就傻傻地等着，却不知道他可能压根儿没把这段感情放在心上，因为喜欢一个人是掩饰不住的，想娶一个人更是会主动提上日程的。

有些男人明明有女朋友或者妻子，却一直吐苦水自己的爱情多痛苦，他在这段感情里有过哪些艰难付出却没有得到回应，他马上就会分手了，在这之前先偷偷交往吧。女人听了很感动，觉得这个男人真好，只是遇人不淑，这样好的男人怎么就不珍惜呢？女人真的同意地下情了，而男人的分手也没有下文了。这种男人自私自利，吃着碗里还惦记着锅里，明月光和朱砂痣都想要，却委屈女方一直谈地下情，想要的名分遥遥无期。

有些男人在网上温柔体贴，天天甜言蜜语，女方误以为自己遇到了真爱，付出不少感情，而他只是海王，在网上撒了一大片网，就等着鱼儿主动上钩，能捞到多少条就是多少条，他都不知道他究竟有几个宝贝，被识破之后，顿时把女方拉黑再也不联系。

有句俗话说得好：男人的嘴，骗人的鬼。

好听的语言是一种人人都需要却又非常低廉的付出，它几乎是零成本，而它所讨要的或许是数十倍的行为、物质、情感回报。

很多女孩子，可能会因为一个细节就很快爱上一个人，又很快交出自己。但是我们其实应该越热恋，越清醒。我们不应该只是看男人嘴巴上说了什么，就算说的比唱的还好听，也只是假的。

我们应该要去看男人到底做了什么，只有实际行动才是真的。因为嘴会撒谎，一时的行为会迷惑，但是很少有男人可以一直迷惑下去。

　　我们总是会被爱情蒙蔽眼睛，被甜言蜜语糊住了心智，看不清对方的为人，可是越低智的时候就越应该保持清醒，这样才能找到真正的爱情。

# 给稳定的爱情加点新鲜剂，爱情会更新鲜

● ○ ◖

每对有感情基础的情侣都是经过热恋期的，他们在热恋期时如胶似漆，发尽狗粮，恨不得时时刻刻都黏在一起。不管是做什么，哪怕是出门丢个垃圾，都会和对方说一声，天冷了叮嘱多喝水；夜深了送到楼下还要等灯亮了才会不舍地离开；穿情侣衣、换情侣手机壳、用情侣头像是他们最爱干的事；不管看到什么好的有趣的奇怪的可怕的东西，第一时间都会想到对方；每一次打电话都像是两个人最后一次通话，不打得手机发烫、脸庞发红就算输，就连最后挂电话都要挂上半小时。

曾经这么热烈相爱，可是到后来，为什么这些事都不做了？

很多人会觉得都在一起那么久了，两个人都腻烦了，送礼物、

制造浪漫也是在追求期、热恋期才会做的事，现在大家都知根知底了，还做这些干吗？

但其实比起相爱，更难的是相守。真爱归真爱，可是真爱一年、两年甚至五年，但是没有谁能保证可以维持一辈子。

我们身边都有些情侣，女人觉得男人冷淡了自己，而男人宁愿加班、宁愿去应酬，慢慢吃完饭还要一边抽烟一边侃大山，对恋人催促的微信也只用"应酬呢"这种字眼打发，然后就心安理得地坐到散席，甚至到了自家楼下也要在车里坐好长一阵子，才拖着步伐走上去。

或许他们感情并没有出现问题，只是对这份爱情已经倦了，没有当初那种恨不得分分秒秒都腻烦在一起的悸动了。

真爱也会变，爱情会褪色，激情也会消失，我们只能用新鲜感把这份真爱维持得更长一点。

我们都知道给自己换不同的发型、买各种款式的衣服，喜欢常换常新。我们都知道去外面的餐厅吃饭，总是变着花样地选择，今天日本料理，明天四川火锅，后天家常湘菜，不会只停留在一家餐厅、只选择一种菜系。我们都知道常常置换新家具、贴新墙纸、买新电器，让自己置身在更舒适且更好的家庭空间里。

爱情是人生中非常重要的一环，我们每时每刻让自己保持新鲜感，却忘记给恋人新鲜，给两个人的爱情新鲜。

茜茜就非常懂得其中道理，她会制造氛围感，有一次，她就告诉我她经常把家里的东西换来换去，所以她老公总是离不开她，因为只有她知道那些东西放在哪里。

她会维持距离感，一年里会出去旅游几次，短暂消失在老公面前，也不怎么打扰他，一来让他可以有自由空间，二来给自己放放松，三来就是回来可以起到小别胜新婚的作用。而人与人的距离都是远香近臭，于是茜茜越是不用他管，她老公就越关心她，有好几次，茜茜的老公暂时联系不上她，顿时紧张得不得了，一直发语音问怎么了，等茜茜重新把手机开机，顿时对着四五十个未接来电哭笑不得。

茜茜还时常抛下老公去参加朋友的聚会，扩大自己的交际圈，有时候和老公聊今天是和小丽一起去画馆，老公说"哦，就是上回那个小李吧"，而茜茜就说"上回是小李，这回是小丽"，老公反而受伤地问："你究竟还有多少我不知道的朋友哇？"甚至有时候老公反过来吃朋友的醋，让她多关心关心他。

她会注意维持神秘感，不会像有的女人一样，在恋爱初期就把自己里里外外、上上下下都恨不得告诉对方，可茜茜就没有，等她有时候说出一两件事，老公就会笑嘻嘻地说："我都不知道你居然还有这一面。"茜茜也会和老公一起去挑战一些他们没接触过的事，比如两个人去玩剧本杀，在有一个馆里，茜茜就故意装害怕抓住老公的手，对方也非常受用，觉得像是回到最开始约会的时候，他带她去看恐怖片，她也说害怕一样，其实不管是这一次还是从前，都是茜茜刻意引导的。

茜茜还会非常制造惊喜感，她老公有一块手表，很普通，是大学教授送给他的，他很珍惜，有一天却坏了，茜茜在百度上搜索了很久，本市已经没有修这种老手表的，又问了家里亲戚，然后听说老家有位老师傅，茜茜等回老家时专门去找老师傅，等老公过生日时，她再拿出来，对方当时就激动得哭了，后来承认说是他收到过的最好的礼物。

我们可以回头想想自己收到过的最好的礼物，很多人说的都不会是多贵多大牌的，而是一看就很用心的，花了心思花了时间，这才是最值得铭记的浪漫惊喜。

而与此同时，茜茜也会认真去挖掘恋人身上的优点，让自己面对恋人时，能永远保持当初喜欢的那份悸动，也是维持新鲜感的一剂良药。而恋人都是希望受到瞩目的，如果能时刻保持喜欢、崇拜的心情，面对恋人时眼睛闪闪发亮，每天都用语言崇拜地夸一夸对方，恋人也能感受到，并且非常受用，而他也会绞尽脑汁地回馈这份喜欢、保持这份心情。而在时时崇拜的基础上，茜茜还会讲各种情话，哪怕别人听起来非常不要脸，她都说得出口，因为她知道她老公喜欢。当然，她也会嬉皮笑脸地撒娇和发小脾气。

茜茜也自己在各方面成长，比如身材、厨艺和工作，她很清楚人都是视觉动物，注重感官感受，所以除了维持健身，还时不时就换造型，穿不同风格的衣服，让他永远吃不准她的喜好。而学习新的技能，在各个方面变得更好，也就意味着她是在成长，不是一成不变的，活好自己，永远不是昨日的自己，永远存在对对方的吸引力，永远可以彼此欣赏。

你新鲜，他新鲜，爱情自然也就新鲜。只有常新常爱，才能常爱常新。

## 爱的进一步是无条件地爱，这很难，但值得去努力

● ○ ◖

　　在《安徒生童话》里，我最喜欢的是一个叫《老头子总是对的》的故事：老头子拿着自己的马去集市上换东西，先用马换了头母牛，又换了羊，羊又换了鹅，鹅又换了鸡，最后鸡换了一袋烂苹果。两个商人见他如此愚蠢，笑他："等你到家，你那老太太肯定要狠狠地给你一个耳光！"老头子说："她会给我一个吻而不是一个耳光。"回到家后老太婆不但没有责怪，反而热烈地吻老头子："老头子做的总是对的，我们已经很久没有做苹果酒了。"

　　很多人都抱怨，两个人在热恋中你好我好，但婚后就是一地鸡毛，每天都鸡飞狗跳，可同样是婚后，有的人却可以过得很好。

　　夏夏的家境殷实，当初是夏夏大清早地去上班，在街上遇到

流氓，是当时路过的男朋友救了她，后来他们就恋爱了。夏夏自然觉得男朋友很好，又温柔又体贴，有次她随口说想吃袁记的馄饨，男朋友就开车去袁记打包回来，又恰逢电梯坏了，又爬了二十多层楼送到，就连她生理痛，他都会熬红糖水给她喝，遇见任何她会喜欢的东西都想着给她带回去，夏夏觉得自己爱对了人，像是天天都在过情人节。

虽然夏夏的父母觉得她男朋友的人品不错，能见义勇为，为人处世都拿得出手，长相又挺帅的，但是在建筑设计院上班，工资很一般，而且是农村户口，条件不太行。

夏夏还是执意要低嫁，所有人都笑她傻，就她家里的那个条件，能嫁的男人一大把，结果千挑万选选了个这样的，现在热恋期各种甜，做份晚餐会高兴，给她买个几千块的包都满足，可是他连房子都买不起，等到婚后出现更多现实问题，她肯定会后悔。

但是夏夏却觉得，爱情是精神上的富足，选择是自己的，她觉得他值得去爱就对了。

婚后，夏夏的"白富美"朋友们一边来和她玩，一边不断向她炫耀老公带自己去了大溪地旅游，炫耀老公买了几克拉的钻戒，炫耀老公送了辆跑车，她们想看夏夏的笑话，于是问夏夏的老公呢，夏夏就说："他送了我一筐亲手摘回来的草莓。"朋友都皱着眉问："就送你这个呀！"夏夏却开心地回答："我爱吃呀，新鲜有机又大颗，我把老公夸了好久，他现在准备在后面种一小片草莓田，这样我更有得吃了。"

后来婆婆来住一段时间，因为夏夏不做家务，婆婆又是老传统，觉得她没有儿媳样，而夏夏又觉得婆婆什么东西都留着，弄得屋里乱糟糟的，而且吃剩菜剩饭之类的也不健康，她老公怕会引起婆媳矛盾，主动先找了妈妈谈话，耐心说明夏夏非常不容易，平时照顾他也照顾得很仔细，他很开心自己能娶到这样的老婆，现在他已经是夏夏的老公，和夏夏组成了一个小家庭，自然是把她放在第一位的。妈妈来住他们自然欢迎，本来他想安排住酒店，是夏夏不同意，说一定要让婆婆住家里，觉得这才像是一家人，她也想多尽尽孝心，但是关于这个家的任何事，夏夏才是女主人，我们都该依她的，妈妈享享清福就好，就不用来教导了。

结婚以后，本来一个人生活变成两个人过日子，两个人不得不拥有双倍的家人、亲戚、交际圈，而很多人都没有边界感，于是难免受到各种人的干涉搅和、指手画脚。有的妻子会受到婆婆的不断挑剔，指使起来像是指使用人；有的老公会在妻子和亲妈之间和稀泥，甚至倾向亲妈、委屈妻子；有的小姑子会把嫂子当外人，明里暗里地排斥在外；有的朋友会出于某些原因进行煽风点火、泼冷水。

父女情、母子情、友情固然重要，但是婚姻就是一盘棋，夫妻双方下棋，自己解决摩擦自己突围困局，而观棋者不语，因为这盘棋要下一辈子，而观棋者却不见得会一直观棋，他们本就只是这段婚姻中的过客，自然就不应该拥有那么大的话语权，甚至是决策权，自然该尽量不发表意见。

只有夫妻双方才是敌人又是盟友，他们在婚姻的围墙里互相牵制、相辅相成、互相成就，以达到共同的目标和利益。

而哪怕没有外人干涉，在婚姻里最重要的是对自我调节，对对方的肯定，健康且牢固的婚姻关系肯定是建立在相互信任和尊重上的，但是我们会看到很多女人会把对婚姻的期待全寄托在对方身上，紧抱着需求不肯放手，还觉得一切要求都理所应当。

如果对方能满足，自然皆大欢喜，倘若无法满足甚至多次没满足，那么便会埋怨、生气甚至愤恨，再加上立场不坚定，很容易受到外界力量的干涉，听风就是雨，让两个人之间出现裂缝，导致瞧不见对方的好，反而是无限制地挑毛病，这样倾斜的不平等的爱会让对方压力很大，他们不能夫妻同心，不能形成一致对外的统一战线，使得婚姻更容易内忧外患、受到各种挑战，这样的婚姻模式是脆弱的、摇摇欲坠的。

其实说到底，婚姻就是要夫妻同心，无条件地去信任、尊重，去爱、去接纳对方，这样不管是外忧还是内患，不管是哪种家庭矛盾冲突，都会在双方凝聚力面前迎刃而解。

夏夏从来不会以爱要求对方必须做到什么，她会引导、协商、妥协甚至维护，也会从各个角度去挖掘对方闪亮的点，永远把夫妻的亲密感放在首位，内心本来富足，而这种无条件的接纳本身就是一种爱。

而爱、付出、幸福感都是可以潜移默化的，夏夏让老公在婚姻中获得极大的满足感和爱，他便回馈更多的爱和安全感，这便构成一个良性循环，他们越来越享受婚姻带来的美好，一旦有任何冲突矛盾发生时，都会自动自发地去快速解决，抵御外在因素，以求能维护好这段宝贵的婚姻关系，使他们走向更美满的未来。

过了几年，那些喜欢用物质显摆爱情的朋友的婚姻多少都出了点问题，夏夏和她老公倒成为身边人都羡慕的一对。很多人都不相信，哪怕他们已经有了小孩，依然在热恋期。

# 爱情最好的状态是保持平衡感

● ○ ⟨

所有关系中最忌讳最糟糕的关系模式，莫过于像跷跷板一样的恋爱关系了，一方高一方低。高姿态的永远在俯视低姿态的。

学妹芝芝曾经暗恋过一个男神，帅得像白敬亭，又高又帅，还会打架子鼓、跳街舞。她除了有点钱，其他什么都拿不出手，几乎花了所有精力和勇气去讨好他，感谢上天，男神居然接受了她的告白，芝芝几乎欣喜若狂。

男神就是男神，在这段关系里有绝对的话语权，比如他不喜欢芝芝穿 T 恤配牛仔裤，芝芝就换成穿各种款式的裙子。男神不能吃辣，芝芝只能陪他去吃清淡的菜，经常回去还偷偷点麻辣烫来解馋。去哪里玩，全是男神做主，他想买的衣服、手机、球鞋，她统统都包了。别的情侣都是男朋友等女朋友，每次都是芝芝等男神，每次男神问"你等很久了吧"，芝芝还得说"没有，我也刚到"，就连去网吧通宵打游戏，她都陪着。芝芝没有一次敢让男神帮她拎包，她倒是每天都去买早餐、占座位，连作业和毕业论文都是她负责写的，做足二十四孝女朋友。

因为在这段关系里，他们太不平衡，男神挥一挥衣袖，转头说拜拜，明天就可以联系别的女生，可芝芝不是，她太渴望得到他的爱了。

可相处了半年，芝芝主动提了分手，她永远无法从男神的眼睛里看到自己的影子，他永远是一副高高在上的姿态轻看她，眉头间带着微微的不耐烦，有两次还在街上骂她"胖得要死"。

她本不可能和男神谈恋爱，等真的谈了，哪怕她是精神、金钱付出多的一方，也是卑微讨好的一方，不管做了多少努力，对方都依然默认为她配不上他，她无法在这段感情里获得平等地位，赋予了男神伤害她的权力，她觉得委屈、受了伤，不快乐又不值得，人心就倦了、累了。

她说，她想起了最开始去买奢侈品的感觉。她去买鞋时担心跟太高太细，平常走路不好走，旁边的导购耐心解释："我们的鞋子不是穿来走路的，是穿去走一小会儿红毯的。"结果芝芝不信邪，买了一双，刚走了一段路，鞋底就坏了。

她省钱很久去买很喜欢的衣服，结果转头发现根本没靴子配，又只能再咬牙买双靴子，配个有气质的发式，穿的时候尽量站着免得起褶皱，不敢挤地铁也不敢吃东西怕掉在上面，然后又发现不能水洗不能干洗，连忙哀号着打给售后电话咨询，结果人家说："对不起，我们产品没有考虑过洗涤情况。"

她去店里买包，首先被店员的激光眼从上到下从头到外扫射一遍，喜欢的包是小羊皮的，没有拉链也放不了什么东西，因为设计师觉得包包是用来背的，不是用来装东西的，而它们的正常消费人群不会挤地铁坐公交走在拥挤的人群里，自然不需要拉链防被偷。就算她咬牙切齿地买了，发完朋友圈之后就供了起来，结果被科普就算放着不用也会自然损伤，只好咬牙用起来，不敢放钱包不敢放钥匙，下雨天打不了车，宁肯自己淋湿也要把包护在怀里，五金还是掉色了。

这就是因为在这些消费关系里，哪怕她实打实地掏出了钱，也是属于低姿态的那一方，因为觉得自己原本是不配拥有它的，所以哪怕真的拥有了，获得的开心也远比想象的少得多。

恋爱也是。

就算曾经片刻拥有又怎样，与之不匹配却又硬搭在一起的话，或许像吞了一千根针一样难受的是她，怨念的是她，自卑的是她，后悔的也是她。

因为人人都需要平衡感，然后在平衡感里寻找舒适感和幸福感。她说："之前的我配不上那些奢侈品，我就等我更有钱了再去买，现在的我，不会觉得自己配不上，只会考虑适合不适合自己，如果这个牌子不适合就换个牌子，总有适合自己的一款。现在的我爱不起男神，我就再换个人爱，总有个不会轻视我的男人吧。"

我很佩服芝芝的敢爱敢分，也祝福她能找到一个适配的男朋友。

谈恋爱很容易，但是能谈到感到平衡的爱情却不容易。

我们每个人遇到的恋人可能截然不同，有的人遇到的是性格互斥的，有的人遇到的是家境截然相反的，有的人遇到的是喜好不同的，不管恋人如何不同，感情的需求却是相同的，爱情从来不是一个人的一厢情愿，也不是高低跷跷板姿态，一方双手环抱冷眼看待另一方，只有两个人都参与经营，有了情感的投入和身体的付出，感情才会趋向平衡完整，才会走向舒适幸福。

就像我们聊天一样，最好的聊天方式是把对方带进来，而不是一直只说关于自己的事。比如男人问"你在干什么呢"，女人回答"在想明天穿什么衣服见你"比"我在看电视"要高明很多，也让男人积极很多。比如女人说"国庆想去大理"，男人说"到时候你负责笑，我替你拍照"比"好哇，走吧"要体贴很多，也讨女人欢心很多。

男人不会做饭没关系，愿意包洗碗就行。女人不懂足球没关系，可以一起打桌球就行。男人工作太忙没关系，只要懂得周末补偿就行。女人路痴没关系，只要男人愿意牵着她走就行。男人眼睛一直黏在手机上没关系，女人愿意和他聊游戏，他绝对会抬起头来。女人喜欢逛街男人不想陪逛也没关系，懂得夸她的裙子好看人更好看就行。感情要双方有互动有妥协有努力，才会平衡下去。

芝芝后来找了个不会嫌她胖的男朋友，芝芝做决定的时候，喜欢在末尾加个"你觉得呢"，以显示对对方的尊重，而男朋友就会大方地夸她"亲爱的，你想得太完美了，有你在我身边，我真是太幸运，怎么就让我捡到宝了呢"；芝芝虽然对篮球从来不感兴趣，但是在知道男朋友喜欢的那一刻起，就开始感兴趣了；芝芝很能吃辣，男朋友可以努力地陪她吃辣；男朋友喜欢唱歌，但是经常走音，芝芝却每次都非常捧场地鼓掌叫好，男朋友就更加得意高兴。

芝芝能感觉到，他们双方都在用心维系这段感情，她相信，好的关系一定是可以自在相处的。

爱情如此，包包、鞋子、衣服也是如此，只有心理平衡了，我们才可以尽情放松，在享受拥有的同时轻轻喟叹：有你真好！

# 相爱的人吵架更要好好吵

● ○ ◖

世界上没有不吵架的情侣，每次争吵都是一次感情危机，处理得当，两个人更加了解彼此，感情越发浓烈，处理不当可能会摧残感情。

林奚也曾经作天作地，动不动就发脾气，差点作跑世界上最包容她的男朋友，她花了好大一番力气才挽回，复合之后她痛定思痛，好好回想以前是怎么一步步把男朋友作走的，每次再想作想吵，她都告诫自己：因为他们两个真心相爱，所以尽量不吵架，哪怕吵架也要好好吵。

林奚以前在气头上，就会失去理智，为了占气势或者口头上的上风，恨不得用最尖锐的话把男朋友刺得全身是窟窿，用最难听的话肆无忌惮地践踏最亲爱的人。等一恢复理智，林奚就会后悔之前的口不择言，哪怕两个人和好，可是伤痕已经形成，或许还是永久性的伤痕，男朋友不说，不代表他不在意，没有往心里去，如果还不把对方最在意的点当回事，那么爱情迟早会完。

她以前还喜欢动不动就提分手，因为第一次她提分手时，男朋友都会骑着单车边跟着她边哄，一直哄到凌晨两点，怕她冷，还去便利店买热牛奶给她，她尝到了甜头，就忍不住一用再用，以为是万能手段。其实次数多了，男朋友迟早会产生逆反心理和破罐子破摔心理，就真的赌气答应了："不是你要分手的吗？好哇，那分哪！"真到了那时候，只会留下一脸蒙的自己。

以前林奚很喜欢把男朋友当成自己的所有物，又打又骂的。有一次她参加一个市里的比赛，结果伴奏出了问题，她没有拿到奖，男朋友本来说好比赛完请她吃火锅，结果她大发脾气："吃什么吃呀，得了奖才庆祝，我现在什么都没得到，你还来刺激我！"甚至还脱下高跟鞋砸他，自己的不痛快倒是发泄了，却伤害了男朋友，甚至产生了无法弥补的伤痕。

动手真的是大忌，而且她还是在公共场合动手，让两个人都成了笑话。男朋友的脸被林奚砸伤，到现在都还有细细的伤痕。林奚反思自己，她一直都只考虑到自己的情绪，却忘了维护男朋友的面子，女人都反对家暴，都秉承"家暴只有零次和无数次"

的理念看待男人，女人也不应该仗着是弱者，仗着被爱而动手。

　　林奚之前很喜欢翻旧账，男朋友哪里做得不好的，她就会把之前陈芝麻烂谷子的事翻出来，一桩桩一件件的，目的就是想让男朋友感到愧疚而妥协。但是这样做，不仅没有聚焦到问题现状本身，男朋友还感到非常震惊，没想到那种小事她都记得，所以哪怕是他犯了错，随着那些数落，愧疚之情也渐渐消散，甚至觉得这样的女人很可怕，要是再和她在一起十年，那不是可以翻十年的老皇历？而一旦翻旧账，两个人的中心早就把之前的问题点抛之脑后，两个人越吵越气，可问题还是没解决，裂缝也越来越大，这样的爱情迟早会瓦解。

　　林奚作的次数多了，男朋友就更喜欢以冷战来对抗了。林奚觉得每次吵架的时候，也是自己心理最脆弱的时候，男朋友却会选择沉默以对，他或许是以为让她发泄了就可以过去了；或许是他在让步，不愿意和她吵；或许是他想冷静，也或许是他想逃避这个问题。总之，它让林奚觉得像是一拳打在棉花上，非常挫败，也让她非常没有安全感，觉得他完全不在意她了，也不爱她了，所以连吵架都懒得吵，林奚非常煎熬，下一次争吵时她更加歇斯底里，他退到后面无处可退，便提出了分手。

　　这段爱情失而复得后，林奚很懂得珍惜，她每次想吵架之前，都问一遍自己，真的需要吵架吗？结果她发现很多时候的答案是否定的。

其实他们并不需要争吵。

因为每个人的接受度和在意点也不同，林奚特意请男朋友说出自己的底线，比如前女友、父母等，让她清楚哪些点不能踩、哪些原则不能碰、哪些伤疤不能揭。而一旦对方踩线了，就不能轻易原谅，要原谅就必须付出很大的代价，在这种前提下，他们都不敢轻易过界，自然可以避免很多爆发点。

有时候是觉得男朋友不够爱自己，比如今天化了个桃花妆，男朋友不仅没有看出来，而且还觉得眼睛像是被打了一样。在这种时候，她争吵的目的是让他能第一时间发现自己的变化，让他能欣赏自己的美，能更爱自己。那她其实用撒娇一样可以达到这种目的。不仅如此，她还把男朋友的微信的标签改成"撒个小娇"，每次一和男朋友说话，就忍不住口气软软的，男朋友就越来越爱找她聊天，愿意什么话都跟她说了。

两个人真的需要吵架时，林奚也是先告诉男朋友不能再冷战，如果他再冷战，她就会变成泼妇了，不如他们一起好好解决问题，这样他们的爱情才会更甜蜜。男朋友欣然同意，没有一次再用沉默来对待她。

而每次他们沟通时，都尽量用体贴的语气，不抱怨、不批评、不推卸、不翻旧账、不针对人，只针对这次问题本身。林奚也学会了换种方式沟通，比如她给男朋友发语音，男朋友直接挂断了，然后一直都没有回她，她很受伤，但是她说的是："亲爱的，今天我想给你做好吃的，但是不知道你想吃水煮鱼还是香辣蟹，所以才给你发语音，我想你肯定是在忙所以才没有接，我没有打扰到你吧？"男朋友立刻觉得她很体贴，很爱自己，也马上愧疚地做出解释是因为当时在和客户谈合作，不方便接，后来手机又没电了，但是下次如果方便，他肯定会第一时间接或者回的。

在遇到自己犯错的时候，林奚也在第一时间就认错。而在遇到男朋友犯错的时候，特别是犯大错的时候，她会趁机哭一哭掉掉眼泪，假装肩膀一耸一耸的，没想到男朋友不仅马上抱住她温柔地认错，还立刻买礼物补偿她，她也不会再抓着不放，这件事解决了就过去了，今后她也不会再提。

但是林奚也不是每一次都能这么心平气和，偶尔还是有情绪爆发的时候，为了尽量杜绝这个问题，她就想出了一个绝妙的招，让男朋友在她发脾气的时候用：一旦她大发脾气，男朋友就笑她，说她现在的样子好搞笑，要不等他先用手机拍一张留作纪念，然后再接着吵，每次这么一做，林奚就绷不住地笑了，哪里还能吵起来，两个人就边笑着边谈问题。他们约定好不能让情绪影响他们的生活，所以每次吵架完都要拥抱彼此，他们更享受对方的陪伴，却更少争吵。

后来，林奚再想发泄负面情绪，就去健身房锻炼、去打泰拳、去 KTV 唱歌或者去夜跑，这样不仅得到了释放，也不会伤害到他们的爱情，她也更能掌控自己的情绪，是一举三得的事情。

　　因为相爱容易守爱难，我们吵架的初衷是为了更好地去爱对方，而不是为了发泄，也不是为了自己赢。

# 专情别人，不如薄情别人、专情自己

● ○ ☾

朋友阿俪，自从二十五岁连她表妹都结婚后，她妈妈就急了，三十多岁什么歪瓜裂枣的都介绍过来，觉得只要对方能看上她，她就该感恩戴德地赶快嫁。可朋友始终没有找到满意的。

她妈妈认为只要嫁不出去就是她的问题，每天语言暴力，说她是个废物，为什么别人都能结婚就她不能，读那么多书有什么用，她这辈子都完了，干脆死了算了，免得丢人现眼。

她妈妈就差拿菜刀逼她明天就去结婚了。

阿俪月薪三万五，另有年底分红，还会跳舞、弹吉他、滑滑板，每个月按时给家里打钱，给妈妈办美容院卡，买衣服、保健品，但依然逼得快要窒息，每天都想从二十多层的楼上跳下去一死了之。那段时间，所有人都觉得她抑郁了。

她不懂，每个人都是独立的个体，一个女人的人生为什么必须要和婚姻挂钩才算完整，如果女人三十岁以前结婚了难道这辈子就能好好活着了吗？不，多的是一地鸡毛的婚后生活，离婚的更是不计其数，自己的人生到底过得好不好，取决于自己。

《知否知否，应是绿肥红瘦》里明兰说："我就是想，咱们活这一辈子，总不能在这院子里头绕弯打转的吧。我将来还可以攒很多的钱，多宽心，闲了，便去游山玩水，击球垂钓，双陆拆白，总是有许多法子解闷的。日子自然过得畅快。若为了在男人面前争一口饭吃，反倒把自己变成面目可憎的疯婆子。这一生多不划算。"

阿俪始终坚持这一点，哪怕抑郁得去看心理医生，也没有向她妈妈妥协。

去年，她在谈合作时认识一个男人，对方各方面都很优秀，对她一见钟情，追求热烈，对方家长更是像对女儿一样疼她，因为朋友想拼事业，提出婚后丁克的要求，男方也尊重她。

阿俪决定结婚，她妈妈非常高兴，母女二人一度和解，但结婚才一年，小夫妻就遭到男方爸妈的催生，男方也一改婚前承诺，和朋友商量要不就生个孩子，如果她不喜欢小孩，说不定生了自己的孩子就会喜欢了，而他妈妈退休后没事做，天天想着抱孙子，而最重要的是如果不生一个孩子，他们的婚姻就不圆满，如果迟早要生，那么为她的身体好，还是早生早好。

阿俪感到突如其来的背叛，男方从各方面来游说洗脑，却唯独忽略她的底线。

阿俪虽然苦苦坚持，但有些抵挡不了男方的温柔攻势。

直到有一天，她忽然翻到男方的体检报告，发现他的肾、心脏都有问题，他们刚认识时，男方还做了一场手术。怪不得她提出婚前体检，男方却拖拖拉拉的，最后都没有去。

阿俪反应过来，她是跳进了一个精心布置的陷阱里。什么一见钟情，不过是发现她不仅各方面条件不错，而且从来没谈过恋爱，好掌控罢了。

社会上每天都会出现一些新闻，如丈夫查出有绝症，妻子变卖家产仍然不离不弃，但如果女方选择离婚，就会被人质问是道德的沦丧，还是人性的扭曲。

多么不公平！

这一次阿俪坚决要离婚，她老公发现一切败露又挽救不回，只好去领离婚证。

但没想到离婚后，男方家庭一改往日态度，开始到处诋毁她，说两个人生不出孩子，完全是她的问题，她不想再害男方了才主动提出离婚。

她妈妈居然轻易听信，捶胸顿足地称她一定会后悔离婚，看单身的谁还敢要，她再嫁就只能嫁带着孩子的了。

那段时间，阿俪反复地想：女人一定要结婚吗？结婚就一定有意义吗？大家不都是努力活着然后独自走向死亡的吗？更何况她已经结过婚，仍然一败涂地。

在妈妈直接去公司骂她之后，她忽然有种心如死灰的感觉，她果断断臂止损，辞了工作换了城市和电话，重新找了份工作，每天晨跑、插花、学法语、考CPA，把自己收拾得漂漂亮亮，每年有假时去欧洲旅旅游，活得潇洒惬意，比婚后猜自己老公还爱不爱自己有没有出轨来得开心，偶尔听表妹说她妈妈还在骂她是个不孝女，她反问："我为什么不能决绝？"

一个女人的一生和结不结婚，有没有家庭小孩没关系，结个婚也不见得会让自己更好，就像升职加薪甚至是中巨额彩票，发生再好的事，换来的幸福感也没有大家以为的大，维持的幸福感也没有大家以为的长。

因为幸福感是向内的，没有这些烦恼，也有那些忧愁。

如果一个女人能做到物质上自给、事业上自足、精神上自洽，无论什么年龄是否结婚，都是能好好生活下去。

而反过来，世界上有很多种婚姻，没有经济基础的爱情都是禁不起考验的，就算真的不结婚，财务和身心上做不到自由，才是女人的最大困境。

　　阿俪很清楚个人在失业、生病这块的抗压能力，特别注重职场规划，买好保守型理财，也买了香港的保险，尽量开心，也多存钱，为未来未雨绸缪。

　　后来，她的妈妈忽然摔断了腿，她回了家一趟，忙前跑后地照顾妈妈，也和她开诚布公地说，她可以好好给他们养老，但是他们不能再逼婚。如果再逼婚，她可以随便找一个人结婚，完成他们的心愿，但是从此她不会再管他们。

　　两者只能二选一，选择权在他们。

　　她妈妈选择了前者，朋友已经一年多没给家里打钱、买东西，她妈妈只能依靠退休金，生活品质下降了很多，阿俪要是真不管他们，他们当初生儿育女的作用就没了。

　　阿俪很明白出路是自己走出来的，她现在事业很顺，她已经不是十七八岁的小女生，憧憬着爱情和面包都想要，所以恋爱也是想谈再谈，不谈也完全没关系，心态平和，活得非常自由自在。

第四部分

自我篇

# "为你好"不见得会"都挺好"，要"我觉得好"

● ○ ◖

我的朋友小陈明明留在本地，宁愿在外面租房都不愿意在家里住，和爸妈关系不冷不淡，所以哪怕经常给钱给东西，但依然被说是白眼狼。

小陈是水瓶座，天生分寸感强，喜欢自由。而她的爸爸是单位领导，读书时她一旦没考好，她爸爸就会像骂下属一样骂她。二十七岁时，小陈靠自己在郊区买了套房，她妈妈连装修风格、家具牌子，甚至连防盗门、水龙头都一一过问，不然就会问她怎么不和家里商量就买了，妈妈也是为她好哇……

"谁不想一家人融洽和睦呢？"我朋友感慨，"但是幸好我的房子离爸妈远，不然得憋屈死。"

"他们也会觉得你虽然孝但不顺。"我说。

"那没办法，"她皱着眉说，"我和他们待上一天就要命，离远一点，反而能产生美感。"

电视剧《小欢喜》讲述三对住楼上楼下的中上产阶级家庭共同经历孩子高考的故事。

从第一集介绍了几位主要人物身份、性格之后，我首先注意到的就是陶虹扮演的宋倩这位角色。

宋倩与乔卫东离婚多年，自己本身是补习班金牌讲师，还拥有四套学区房，生活条件是三组家庭里最优越的，但她和女儿乔英子之间的矛盾是最窒息的。

乔英子因为喜欢天文，所以在学校誓师大会上，在愿望气球上写下"CNSA"，可宋倩硬是重新写上"清华北大考七百分"，在她看来，乔英子的高考只有这么一个选择，不作他想。这个细节让我一个激灵。

在剧中，宋倩展现了绝对的控制欲。她只允许乔卫东一个月见女儿一次；她为了乔英子的卧室绝对安静，在家里打造了隔音墙；乔卫东给乔英子买的薯片，被她以垃圾食品为由从购物车里扔出去；乔卫东送给乔英子的乐高档生日礼物，乔英子必须藏在朋友家里；她觉得吃一个海参可以多背二十个单词，就逼迫乔英子生吃海参；疑心乔英子谈了恋爱，学校离家只有四分钟路程，她也要去接；乔卫东打掩护送乔英子去天文馆讲解，宋倩竟愤怒地冲到天文馆要把乔英子拉回去，哪怕她原本也只是打算带乔英子去商场买椅子。

她用所谓的"为你好"绑架了乔英子。

乔英子像是提线木偶，被宋倩操控着一举一动，可乔英子始终不是木偶，她是人，她有思想有自我。

乔英子开始反抗，她会和乔卫东见面时提想吃辣的火锅；她每天逃课，求乔卫东替自己请假；学会了撒谎；背着宋倩求乔卫东给自己报南京大学去读天文。

这对母女的矛盾最终彻底爆发。

已经抑郁的乔英子被逼着要跳河，可宋倩还哭着说："妈妈都是想为你好哇，你为什么非要去上那个南京大学呀？"

多让人窒息的一句话呀！

我太能理解乔英子了，她是多么委屈地懂事呀！

信奉经验主义的中国人，喜欢以长辈、领导、"比你懂"的姿态说"我年轻的时候""我都是这样走过来的"，引出"我为你好"的目的是你就得"听我的"。

所谓的"为你好"的前提是"觉得现在的你不够好"，所以才需要他们的经验和教条的训导。

而喜欢苦口婆心地说"为你好"的人往往缺乏人际边界感，

却喜欢用同理心绑架对方，以达到自己的目的。

"为你好"往往不见得大家"都挺好"。

从事件源头分析、看穿本质，要求科科考第一的爸爸，或许是想有面子；热情地替你张罗相亲的领导，或许只是借机做足形象，拉拢人心；奶奶说女孩子就要穿收腰的裙子，或许是她的刻板印象；妈妈只许孩子留在本地，或许是考虑到养老问题；过年时对你问东问西的亲戚，可能是没话题聊；对你的打扮评头论足的同事，可能是真见不得你好；在饭桌上劝女同事向客户进酒的领导，只是想借机讨好对方而已。

在这背后是侵犯，是控制，是越俎代庖，而被接受者可能会被拉进痛苦的深渊，造成无法挽回的悲剧。

婴儿也有自己的意愿，你强迫他，他就哭闹。而成长后的人有脑子、有想法，更应该懂得如果想结束单身，就可以考虑接受女领导的张罗；如果想铺平以后人生的道路，就接受爸爸的严格管理；如果留在本地更适合自己，就留在本地，而不是全听妈妈的话；如果可以在酒桌上游刃有余，喝上一杯也可以。

可是如果内心拒绝，就必须学会秉承不要"为你好"只要"我觉得好"的原则，在心理上进行关系切割、厘清边界、脱离控制，大胆说"不"。

没有谁能变成对方心中想要的那个样子，那么起码要做到

"我觉得好"。

如何有距离感地维系和父母的亲密关系，我教给小陈一个办法：装很忙。

每当家里给她打电话的时候，就让她先卖惨诉苦，比如今天才加了班已经很累，只想马上睡觉；比如领导交给自己一个工作需要马上加班，但是她也很想念他们，可以先聊一会儿，等到不想聊了也可以随时后撤；再比如给自己报个提升班，离出门还有五分钟，那么就只能再聊五分钟了。

哪怕她挂完电话就躺在床上追剧，但久而久之，她的爸妈会觉得她虽然很忙，但是也把他们放在心上了。

处理方式不一样，但核心的原则还是一样——只有"我觉得好"，才是"真的好"。

# 取悦别人的前提是先取悦自己

●　○　◯

　　我认识一个女孩阿秋，因为家境不好，从小懂事乖巧，从不主动提想吃零食；知道家里没办法支持自己去夏令营，直接向老师拒绝，暑假里还在街头发传单贴补家用；每天很早醒来，先给家里做了早饭吃完再去上学，放学回家第一件事还是做饭；妈妈得卵巢肿瘤住院期间，她每天背着书包到医院陪护，持续了一个多月，所有人都夸她妈妈好福气，有个这样的女儿。

　　在学校也是各科老师都喜欢的学生，老师让她留下来辅导差生功课，她照做；老师让她周末去学校取东西帮忙送过来，下暴雨她也会赶去；老师让她组织大家打扫校园，她就号召组织；老师让她管晚自习的纪律，她就去管理。

她从小养成牺牲自己、替他人着想的性格，连长大后谈恋爱也是。

某个男朋友不喜欢猫，她很喜欢，最后也放弃领养；某个男朋友嫌通勤时间长，她就陪他搬到他公司附近去住，而自己却花费近两小时通勤；某个男朋友常常自己哭穷，她就打钱过去；某个男朋友喜欢打游戏，她就申请一个账号天天陪练。

这些男朋友最终都成为她的前男友，而这一次没有人夸她，反而觉得她乖顺无趣，没主见没挑战性也没新鲜感，两个人年纪轻轻却像老夫老妻。

她后来进入一家业内还不错的公司，结果老员工会把手头难做的活、不配合的客户交给她；同事会让她去跑腿打印资料、买网红奶茶；领导每次安排出差第一个想到的人就是她。

在一次老员工交接隐瞒数据而导致她跟的项目出错，领导把最大责任怪到她身上时，她从小养成的世界观突然崩塌。

她在电话里向我哭诉："领导明明向我保证哪怕我是半路跟，但是项目后期收尾最烦琐辛苦，跟完会给我一点奖励作鼓励，怎么……"

"怎么还让你背锅？"我向她分析，"因为项目出错必须有人担责，领导不会让自己背锅，老员工在公司做了那么久，她敢明目张胆地把工作甩给你，说明是领导默许了的，他们可能是关系好认识久可能是有利益牵扯，总之她不会动她，而你背锅就最合适了。新人，公司关系浅，没靠山，虽然有点能力，但是个软柿子，她随时都可以捏你，需要杀鸡儆猴的时候就用你，今天裁掉你明天再招一个来，对他们完全没影响，顶多付一点赔偿金而已。"

"我不明白为什么每个人都不喜欢我。"

"你和爸妈有血缘关系，老师天然具有教育责任，但那些前男友没有义务还那么呵护你，而在如战场的职场上，人们更会利用对方的缺点弱势，好对自己有利。"

"我不懂，难道听话懂事也是错吗？"

"你听过一个大龄剩女去结婚介绍公司的笑话没有？"

一位大龄剩女来到婚姻介绍公司，对工作人员说："我感到太寂寞了！我有财产，什么都不缺，只少一个丈夫，你能帮我介绍一个吗？"

工作人员问："你能谈谈条件吗？"

大龄剩女就说："他必须是讨人喜欢，有教养，懂礼仪，能说会道，爱说爱笑，喜欢运动，最好还是能歌善舞，趣味广泛，消息灵通。当然，最重要的一条，我希望他能终日在家里陪着我，我想和他说话，他就开口；我感到厌烦了，他就别出声。"

"我懂了，小姐，"工作人员耐心地对她说，"你需要的是一台电视机。"

"现在的你就像电视机，他们可以遥控你，而你却忘记你是一个人，你是可以拒绝的。"

"其实我也想拒绝，可是……"

"可是你开不了口，因为比起你的内心感受，你更想讨好他们。我记得你说过在医院陪护期间，半夜替你妈妈叫医生，结果起身太急打翻了开水，到现在手上都还有块疤痕，其实陪护这种事最好是由大人做，你如果不提出，你爸妈也不会考虑，可你想得到表扬，所以你做了。你因为管班级纪律，被男同学拦住骂，把你的东西丢到窗外去，其实老师问你昨天晚自习有没有聊天玩游戏的，你可以说你一直在做题，大家都很安静，但是你怕老师失望，所以你说了。你明明不喜欢早起，也不喜欢玩游戏，可是前男友们喜欢，你就做了。你清楚老员工分你的客户有多难缠，你也不想被平级的同事指使去买奶茶，可是你在别人微笑的目光中，就接了。你一直考虑如何取悦对方，却忘记遵从你的内心，时间久了，你就成电视机女孩，每天活得那么累。"

"那我该怎么改？"

我告诉阿秋："要坚持取悦别人的前提是先取悦自己。"

想一想自己是否有能力做这件事，做了它能不能达到某些满意的效果，如果是遵从内心愿意，那就去做，如果心里犹豫甚至下意识就否定，那么立刻放弃。

"可是这样很不讨喜，特别是在职场上，容易得罪人被敌对。"

"首先，你并不会每件事都说'no'，比如同事请你跑腿买奶茶，你觉得趁机出去透透气也挺好，那你会心甘情愿答应。同样一件事，考虑角度和立场不同，得出的结论也随之不同，而这个角度和立场，必须是出自'你愿意'。其次，你可以内心硬，但是身段软地拒绝某些事，体现出你有棱角、有原则，也能让别人下台。而对方下一次提要求时，会下意识地提你会答应的方面，然后再接受某些事，做出看对方面子上才为难接受的样子。这样或许下一次，对方会主动取悦你。"

所以，放弃取悦别人没什么大不了。

我们首先是个人，然后才是父母的儿女、领导的下属、他人的伴侣、老师的学生、房东的租客、司机的乘客……

前者永远比后者更重要。

# 内向不丢人

●　○　◖

很多人一辈子都在和自己的性格缺陷抗争。

从小爸妈是以打压批评式教育小黎的，今天成绩没考前三必须挨打，明天说她胖，后天说家里没钱，所以零用钱要省着花，成绩、长相、家庭条件，总之中国式家长会触的雷，小黎的爸妈全触了。她就在这样的氛围中长大，性格变得极其自卑内向。

小黎没有早恋过，只有几次有始有终的暗恋，因为她始终觉得配不上优秀的对方。她不早恋只拼学习，最终考上了好大学，学了个好专业，拿了个好文凭，爸妈自然欢喜。

但一等小黎进入一家跨国大公司实习，她妈妈就让她找对象。

她自然没勇气去找。

不仅如此，她的内向也给她带来很大的烦恼。

大学里独来独往也无妨，毕竟最看重的还是成绩，可职场完全不一样，内向可能会失去很多公司第一手消息，可能会给客户领导留下不懂人情世故的印象，可能觉得你带不出手，可能会觉得你不够圆滑、傻愣，因此错过很多人脉资源、晋升机会。

不管是爱情还是事业，彻底成为人生 loser。

总之，小黎决心改变。

她强迫自己去社交，七大姑八大姨给她介绍的相亲对象，她都打起精神去见面，试着和对方看电影、逛公园、去游乐场，可是她时常觉得是煎熬。

她强迫自己化妆，一对上谁的视线也不管认识不认识，就赶快调动面部肌肉扯起一个弧度恰好的笑，连对着公司前台都能做到早上说早晚上说拜，在宴席上更像花蝴蝶一样满场飞，会因为加到某个大咖或老总的微信而兴奋，也会小心翼翼又快速地想该抛出一个怎样的话题，再该怎么回答好自然引出对方的下文，一旦两个人之间出现三秒以上的沉默，她就觉得比世界末日还可怕，可见她心里该有多累。

这让我想起电影《等风来》的开头，美食专栏作家程羽蒙和一群富家女吃意大利料理，其间，她做作刻意的食品鉴赏让那群富家女佩服，分别时声称公司给自己配了车，拒绝了嫌玛莎拉蒂土的富家女载她回家的邀请，可镜头一转，那辆车是她花三百一小时租来的，而她只能再加五分钟的时间最后坐地铁回家，高昂的意大利料理没怎么吃饱，她又去便利店买了一份麻辣烫。说她成功打入了富家女的交际圈了吧，可是她在上海两千块的寒酸月薪并不足以支撑她以后的交际，打肿脸充胖子迟早会露馅。

最让我印象深刻的是程羽蒙坐在租来的车上时，她疲倦地靠着车窗，外面霓虹闪过。

不管是经济还是个性，强装着都是非常辛苦的。

就像伪装成橙子再成功的苹果，也还是苹果，本质不会有丝毫改变。

小黎有次在卫生间听到别人抱怨她刚刚怎么那样说话，另外一个也拼命吐槽，忽然明白自己一直以来的努力简直可笑。

她变得极其痛苦，她开始大把掉头发，手机一响就恐惧，每天晚上做噩梦又叫又哭，最后只能翻来覆去地睁着眼睛挨到天亮，她开始躲闪别人的视线，一对视上就颈部微缩、肩膀微曲、大脑一片空白，长久以来，最后连门都不想出，天天在家里拼乐高。

公司不允许她天天请假，最后她只能自己走人。

后来医生确诊她患上了社交焦虑障碍，即社交恐惧症。

她忽然觉得自己很不值，她没危害社会，但是社会却危害了她的健康。

很多人一辈子都在和自己的性格缺陷抗争，但是心理学大师荣格也说过：一个人终其一生的努力，就是在整合童年时代就已经形成的性格。

另外，全新的单人经济正在流行，比如迷你KTV、一人食餐厅、胶囊酒店、一人游、迷你冰箱、小容量电饭煲等消费方向的崛起也证明现代越来越多的人不愿意交际，而他们都坦然接受这样的自己。

世界上任何事物都具有两面性，内向也是，外向也是。

我劝她不必外拓，不如向内发展，资源和机会或许别人可以抢走，但是技术和能力是永远跟随自己的。

李嘉诚曾告诫年轻人：在你还没有足够强大、足够优秀时，先别花太多宝贵的时间去社交，参加各种各样的聚会，应多花点时间读书，提高专业技能。

小黎应该提升自己的强项使自己优秀，而不是去攻克或许一辈子都攻克不下来的弱项。

她不如就做内向的自己。成年人更多考虑的是利弊，当你足够优秀强大，人际关系会自来。

小黎最终选择在专业领域进行提升，我说过她读书很在行，再加上她心里也憋着一口气想证明自己，去进修后考下几个在国际上含金量很高的证书。其实越大的公司平台就越容易专和精，也越容易窄和其他环节的依赖。而她考的证书基本上涵盖了她所在行业的所有部门环节，实力也带给她硬气，每个月平均能接到一百五十个猎头的电话，而谈论到和专业相关，她就变得自信大方侃侃而谈，不再畏缩自卑，最终她进入一家踏实做事低调做人的口碑公司。

小黎在进修期间，也认识了另外一个学霸，两个人最喜欢在家里看电影、拼乐高，或者各自听课，两个人几个小时不说话也不觉得有问题。

倘若内向，也不用过分担忧，每个人都可以合群，但要看是什么群，每个人都需要合群，但不需要合所有的群。

每个人都存在磁场，总会吸引到磁场相近的人群，所以如果人际维持得很吃力，就不如等那些维持得毫不吃力的人来维持你。

圈子也不用太大，心存善意，自在就行。

# 莫欺少年穷

● ○ ◖

在《乐队的夏天》这个从全国挑选出三十一支乐队的 PK 节目里，不乏在北京工体开过演唱会的乐队，但最让人惊艳的是一支上台前无人知晓的黑马乐队——九连真人。

九连真人来自广东一个小地方，他们经常进行下乡演出，听众是乡里邻居或者朋友，而不承想在这个舞台上一发声，原始生猛的劲儿就惊艳全场，感觉突然从海底冒出来一个水怪。

他们锋利年轻、一鸣惊人，像亮相时唱的那首歌一样，向所有人证明：莫欺少年穷。

马东曾问："是导演组把你们挖来的还是自己报名的？"主唱阿龙说是导演组沟通，马东又说："我们一般联系的时候都会被认为是骗子。"而阿龙说："还好吧，我们也没有什么可以被骗的。"

当时全场大笑，我却听出来一丝心酸和真诚。我想到了我们。

我们千军万马过高考独木桥，从很优秀的学校毕业，准备大干一场却被现实击垮。

所以就不努力、不奋斗、不向上了吗？

不。

凌晨两点，外卖小哥还在送外卖；3点，滴滴司机还在接单；3点半，环卫工人已经在扫地；4点半，早餐店的老板已经开工；医生可以站在手术台上奋斗十几个小时，挖藕工人在冬天里下水，维修师傅在深夜里抢修电路，记者要在台风地震抗洪时发回前线新闻，程序员在结婚当天还要进行扩容……

人类多渺小，宇宙微尘，沧海一粟，可人再渺小，还是想出人头地。

小 K 当初揣着高中文凭从老家来到北京，应聘上一家酒店的服务员，一个星期六天夜班，上两天夜班，休息一天，试用期工资只有三千块，他也很满意，包吃住，每天又穿工作服，每个月他能攒下两千四，再给家里打五百。

小 K 很努力，既勤快上手也快，客人提的需求都处理得及时仔细，把每一个服务过的客人生日都记下来，他不仅了解了城市的路线和景点，就连酒店周围犄角旮旯的地方他都摸透了，比很多老员工都清楚，平时还揣着便利贴，在上面把一些如浴缸、电视的使用方式简单画下来，如果遇到外国客人，他就把贴纸贴在显眼位置。

客人经常表扬他，他也得过好几次优秀员工奖。

他也会遇到一些真把自己当上帝的客人，要求过分还瞧不起人。

有一次他脚崴了，所以送东西慢了点，被客人骂得狗血淋头，他还只能微笑着道歉，可对方不依不饶地喊经理，那个月他被扣掉五百块钱。

还有一次，有个女客人退房时发现项链找不到了，客人报警后说小 K 是最后一个进房间的人，肯定是他拿的。

那是小 K 第一次去派出所，虽然他反复声明，不拿客人的私人物品不仅是基本职业道德，更是做人的基本准则，哪怕也没有证据能证明是他拿的项链，但客人还是不信。

后来，小 K 在一个 App 的酒店网页上看见了那个客人的留言，不仅把事情添油加醋地描述一通，最后还说："有些人，人穷志还穷，一辈子也就是个服务员了，就当我做慈善，把项链送你得了。"

那天晚上，小 K 大哭了一场，比任何时候哭得都要狠。他很明白为什么这位客人不相信他，因为她觉得他不配拥有，在她心里，他这个人的价值还抵不上一条项链。

那晚，小 K 反复在本子上写下了"莫欺少年穷"这五个字，但是他也只能规划出先升领班再升主管这样的人生。

直到有一天，他遇到一个长期住在他们酒店套房的老总，是一家正要上市公司总裁，因为小 K 记得所有服务过的客人的生日，而那位老总身份证上的是阳历生日，但是他习惯过农历生日。小 K 记得那天，酒店给他送蛋糕时，老总提了一嘴自己的情况，后来到老总农历生日那天，恰好再入住，小 K 特意祝他生日快乐，老总愣了愣，若有所思地说："这个也记得。"

后来，老总说他缺个助理，他觉得小 K 挺细心的，要是愿意，可以试试。

小 K 自然愿意，但问到学历时，老总有些可惜："怎么也得是个本科吧。"

小 K 知道成人本科得读三年，学费也不低，他很犹豫，老总说："我也知道学历不重要能力最重要，但至少你要用你的能力拿到一个学历，来证明你的能力没问题。"

小 K 就再多问了一句，如果他读到本科，老总是不是一定要他。

老总就拍他的肩膀："如果真读到，我肯定要你，年轻人有企图心，太难得。"

小 K 承认是女客人的事刺激到他，他决定拿出所有积蓄去读个本科。

他说："老家有很多人不理解，我为什么到这里来闯，又辛苦，赚的钱也没多少，他们天天打牌喝酒吃消夜，早早结婚生子，工作又稳定，但我觉得这辈子一眼就能望到头，也就那样了，我说了要给家里挣大钱。"

我们要对抗的不只人和人，还有人和制度、人和命运。我想小 K 身上的不甘肯定很强，才会那样拔节而上，想和命运抗争。

小 K 读本科读得很不顺，经常写作业都吃力，特别是英语，他只能从零基础补习。后来期中考试考得不好，他 8 点查到了英语成绩，8 点 10 分就去报了个培训班，8 点 15 分就开始继续背单词。他说："成年人没有太多时间悲伤。"

我问："你有没有后悔过？"

小 K 摇摇头："广东人说'食得咸鱼抵得渴'，何况你怎么知道我不开心，我等着拿毕业证后挣大钱呢。"

我曾在网上看到一个小料：某音乐节的主办方找九连真人经纪人，想邀请他经纪的另外一支乐队，经纪人向主办方推荐九连真人，主办说"这个乐队根本不行，没有任何价值"。而九连真人亮相视频刷爆之后，主办方的微信就来了：哎呀，怪我有眼无珠。

还真如他们的歌名——莫欺少年穷。

我相信小 K 迟早像九连真人唱的那样"我阿明一定会出人头地日进斗金"。

# 拥抱自己的不完美

● ○ ◖

　　我有一位朋友宋宋，从小就长得不好看，大饼脸，小眼睛，地包天，后背还有大片胎记，从来没参加过一次表演活动，她很清楚地记得幼儿园里一次以班级为单位的团体操比赛，全班就她一个小女孩被排挤在外，哪怕那天在看台上也有很多家长，送她上学的爸爸也安慰她"就算不跳，也没什么嘛"，她虽然懂事地回答"嗯"，但也是难过孤独的。

　　再后来，因为家境不好，爸妈要很早去上班，所以她总是全幼儿园最早被送到园门口，也很少拥有糖果、玩具、零用钱，妈妈很少给她添置新衣服，有位老师曾用"朴素"来委婉地形容她，每年寒假暑假，别的小孩都去哪里哪里旅游，而她总是被一个人关在家里，或者被送到乡下的外婆家。她最怕老师突然喊要交什么费用，因为回家去说，总会被抱怨，甚至有几次是开家长会时，老师对她妈妈说要买什么资料，妈妈才去买。等到她读大学时，才第一次吃肯德基。

小时候发生的这些事，她统统都记得。

长大后的她只会读书，除了各种证件照从来不拍照，不会打扮，不会跳舞，不会打游戏，不知道现下流行的什么，当众发言就等于公开处刑，任何活动她都无法融入，她认为别人肯定觉得她又穷又无聊，她不想去出丑现原形。

久而久之，她就陷入一个死循环，越无法融入外界，就越封闭自己，而越封闭自己，就越与外界脱节。

她的成绩一向拿得出手，于是她越发喜欢读书。暑假里，她把几个藏书丰富的邻居家的书都借完了，她在书里见识到不同的世界，她懂很多人不懂的东西，她忽然有种身边人都挺白痴挺庸俗的想法，高中时她给杂志社投稿，没想到一投即中，还获得一笔稿费，她相信自己总有一天可以获得成功，和那些瞧不起她的人拉开差距。

可是事与愿违，哪怕她考上重点大学的中文系、进入新闻社工作，她接触的人群越来越优秀，她却越来越宅了。

她开始很烦别人打电话，也不喜欢出门见陌生人，在路上遇到认识的人，她就装作玩手机，甚至有好几次拐进旁边商店里，下雨天宁愿冒雨跑回去也不愿意借伞，就连服务员对她热情了些，她都浑身不自在，而她最喜欢的就是宅在家里看综艺电影和写稿。

可与之相反的是，一旦别人稍微说了什么，她就会条件反射地毒舌反击，每当反击成功，她就会在心里扬扬得意，可往往又事后后悔。

我觉得她越接触到优秀人群就越不自信，所以她一面逃避，另一面又倔强地维护自己，哪怕只是赢得口头的一时胜利，但她就是依靠这种自我欺瞒的自信，才能内心平衡地活下去。

只是越这样，人际就越糟糕，她的朋友很少，每次遇到需要朋友圈点赞、召唤朋友来砍价的活动，她都默默放弃，最要命的是哪怕她工作能力还不错，但她永远都只能做底层。

她也想过要改善，每天都认真地涂护肤品，注意口腔、指甲、脚的细节，三餐都吃得很少，买各种奢侈品武装自己，甚至考虑过去整容，但最终又苦于下颌正畸的复杂性和风险性才放弃。她也去试着交际，试图把擅长的毒舌变成冷幽默，虽然每次交际完她都很崩溃，但是她一直在努力。

直到有一次，因为穿着白色开衫被同事发现胎记，她只好承认从来不穿吊带或者无袖 T 恤的原因，但同事却说其实也还好哇，大家身上多少都有瑕疵，如果她不喜欢，也可以去文一只蝴蝶或者一枝玫瑰，那会很美。

虽然有安慰的成分在里面，可是她忽然反思自己是不是太过钻牛角尖，别人明明没有在意，她却翻来覆去地焦虑，别人明明没说什么，她却如临大敌。

为什么有的秃头少女能不戴帽子就出门，为什么很胖的中年男人从来不考虑减肥，为什么有的人工资那么低却还能开心地喝酒，为什么有的人对自己的长相满意得不行，为什么满鼻子黑头也不去治，为什么没人会因为脚大而自卑。

或许是她太介意不完美的自己，放大了每个缺点，想做个完美的人，却忘了自己首先是个人。

是个人，就有七情六欲，就有善恶优劣，就连 AI 机器人也要经过数代调整，才能趋近完美。

她忽然明白一直以来，瞧不起自己的不是别人，而是自己。

是她一直给自己设置了心结，那些年幼的遭遇在她心里化成细细绵绵的蛛网，让自己越束缚越紧，最终无法飞出去。

一个人要花多少时间才肯承认自己只是个普通人，要花多少时间才接受别人只是随口说说而已，要花多少时间才明白自己在意的或许就只有自己在意。

她忽然放松下来，不再逼迫自己去向完美进化，也不再去克服不擅长的人际，彻底接受平庸的自己，继续大饼脸、小眼睛、地包天地活下去。

我让她举出自己最优秀的地方，她说是写作。她靠写作一个月可以赚两三万。

我说人生不见得必须去克服缺点，或许克服了也不见得有实质性的改善，她的优点和缺点一样突出，扬长避短才是该学的。

后来，宋宋做了全职作家，以文字养活自己，认识了不少志同道合的朋友，闲暇时一起聚餐旅游，偶尔去参加座谈会，倒是痛快。

人生不过是一年又一年，过去已经发生的已经发生，学着坦然接受让它过去，做好当下的每一件事，自然就会有信心迎接未知的未来。

宋宋很明白只有咸鱼才躺着等天上掉馅饼，她拼命写稿，觉得有钱就会有一切，包括尊重、地位和信心，虽然我不赞同，但是我知道钱会给她带来自信，这就够了。

# 宁尝鲜桃一口，不要烂杏一筐

● ○ ◖

现在这个社会，很多人都提倡精简，精简生活，精简出行，精简物欲，当然也包括精简人际，比如我的朋友阿君。

我曾经因为工作需要，主动加过不少圈内人的好友，一旦通过，有些人就会直截了当地问："我可以签你们公司，合作方式是什么？要求是什么？能给到多少钱？"

有的虽然通过了，一翻他好友圈，里面没有照片，只有一条横线，过了一段时间，猛然发现已经被对方拉进了黑名单。有的虽然通过了，但也仅限于朋友圈交流，比如互相给对方的自拍、心灵鸡汤点赞，等人家头像一换，又不知道他是谁了。

有的人很久没有聊过，突然发消息来是请帮忙点赞投票转发。

几年没联系的同学突然问"在吗"，我一般都会当没看见，因为我很清楚下一句绝对是"最近手头紧，能借我一点钱吗？""朋友，听说过安利吗？""我在代理一款高端护肤品，需不需要试一试，可以给你打八折。""我下个月要结婚了。"诸如此类的。像这种万年不联系的大忙人，一旦联系必定是有事相求。

聊天软件越丰富，人们拓展交际越不费力，看起来交际圈特别宽广，认识这个，认识那个，全国遍地是好友，可等哪一天手机丢了，或者电池没电了，陡然发现世界瞬间就安静了，平时也就是手机上热闹。

朋友圈热闹不见得一定是好事，太多无效信息充斥着眼球，可能会错过有效信息。我有个朋友是写新闻的，她加了很多代购的微信，在金庸先生去世时，朋友圈已经有好友深切地缅怀了一句，但是她以刷代购的速度刷了过去，没有留意到，错过了抢热点的最佳时机。

我还有个朋友的公司平台非常好，借此认识了不少业内有名的大咖，她为此沾沾自喜，觉得自己的资源非常丰富，并仗着拥有这些资源而跳了槽。只是没想到等她跳槽后，却发现能带走的资源非常稀少，因为很多大咖当初会和她合作是看中公司的平台，而不是因为她的个人魅力。

她当时备受打击，以为看清人情冷暖，但是我却告诉她，这只是对方理智的选择而已。

在很多时候，所谓的友谊脆弱得不堪一击。

我身边有玩游戏被骗钱的朋友，有好心借钱结果有去无回的朋友，有聊着聊着起了一点小争执突然有一天发现已经被对方拉黑的朋友。

没有交心的朋友就像一盘沙，都不用风吹，走两步就散了。

这是个快餐时代，什么都讲究快，就连交朋友都是，除非利益驱动，否则都是合则来往不合则分。

阿君曾经也是社交达人，只要有人叫她，不管去酒吧聚会，还是去宴会消夜，她哪怕已经卸妆睡觉了，都会立刻爬起来化妆选衣服，精神抖擞地去赴局，最多的时候一天可以跑五个局，在某些方面，她的朋友的确给她带来了便利和炫耀的资本，阿君总觉得自己的未来就寄托在这群高大上的朋友上，那段时间，她也飘飘然。

后来有一天，她胃痛得在床上打滚，在手机上划拉半天，发现她居然没有一个可以喊来送自己去医院的朋友，有的人离得太远，而有的人和她的关系本身就不平等，她没资格请求帮忙，和她是平等关系的，又没好到可以在深夜麻烦人家的地步，她好几次都在对话框里敲了字，又一个字一个字地删掉。

哪怕大家都住在北京，心与心的距离却很远很远。

后来阿君又经历了一件很尴尬的事，女友 A 向她吐槽女友 B，阿君本身也对女友 B 有些不满，再加上女友 A 的诱导，就跟着说了一些，没想到女友 A 立刻截图发给了女友 B，面对女友 B 的质问，她却无法辩解。

后来，阿君才知道是女友 A 的前男友私下表示对她有好感，女友 A 立刻嫉妒了，才想出这一招借刀杀人，阿君这时才明白她和女友 A 虽然经常一起活动，化妆品、衣服、高跟鞋都可以互用，她还帮女友 A 挡过几次酒，她们还是只有虚假的姐妹情谊。

阿君一气之下删除了很多所谓的好友。

她说从那次以后，她就明白朋友在精不在多："如果我们把篮子里都装满烂杏，美味的桃子自然只能被挤出去，滚在地上，我们花了很多心思，走了很长的路，结果却只带了一篮又不能吃又不能看的烂杏回家，费力又伤心。"

她很清楚一个人的精力总有限，一个人的圈子只有那么大，一个人的时间只有那么多，她以前把社交当成生活的主要部分，并且以此为乐，现在因为重心转移，便主动对社交降级，对朋友再进行筛选。

"后来他们都约不动我了。"阿君不想玩了之后，兴趣爱好也逐渐转为跳舞、看书、学瑜伽，她在一些专业平台上发影评和书评，做了自己的公众号，有天南地北的人喜欢她，但是她也只和其中三位磁场契合的人做朋友，其他的她都称为"有趣的人"。

阿君向我展示了她的微信好友人数，一共三百多人，但好友标签那栏，才二十多个。她很得意地说："别看人数少，可他们每一个都是可以做一辈子朋友的那种。"

她说："比如我半夜向他们抱怨饿了，他们会马上给我订肯德基外卖，我装修房子，是一个设计师朋友从外地来帮我全程监控，其他朋友主动送来微波炉、穿衣镜、电饭煲，如果去哪个地方旅游，也会和我写明信片，如果吃到好吃的遇到有纪念意义的，也会给我带一份回来，我甚至收到一罐从南极带回来的雪，我觉得好的朋友会让我有种被守护的感觉。"

我赞同阿君的观点，交朋友不在多而在精，评判的标准只有一个：看他是否把你放在心上。

我们需要的是在难过时可以同甘共苦的朋友，在困难时可以真诚鼓励的朋友，在深夜可以一起痛哭的朋友，发一个冷笑话过去就能 get 到的朋友，可以毫无顾虑地把秘密说给对方听的朋友。

我们需要的是雪中送花，而不是锦上添花。

生活，不要等到把烂杏拿起来咬一口，拉了肚子，才追悔莫及。

# 不沮丧低落，才会有奇迹

● ○ ◖

我有一个闺密，她甜美外向，又有超高情商，不管异性还是同性都很喜欢她。

我曾特意观察过她，她总是笑得很甜，露出两个小酒窝，像是永远没有烦心事。但是人活一世，就不可能永远顺心顺意。

我问过她："为什么你像永远没有烦心事，永远笑嘻嘻？"

她愣了愣，回我："我当然有哇，我也是人，也吃五谷杂粮，怎么可能没有烦心事。"

"可是作为你的闺密，我好像很少听到你向我吐槽抱怨。"

"那是因为我不喜欢这样做，总觉得这样像是把对方当垃圾桶，没有谁愿意当垃圾桶吧，而且就算抱怨发泄一通，其实该解决的问题还是没有解决，那么我为什么要抱怨，我为什么不把抱怨的时间拿去解决问题呢？我觉得聪明人都不会散播太多负能量，换位思考，如果一个人总是抱怨，我会觉得怎么老是在抱怨，是不是他人本身有问题呀，怎么就他遇到那么多事呢？"

"可是朋友的意义不就是这些吗？"

"可是我更愿意给朋友带来元气和活力呀！"

是的，人们总会选择拥抱太阳，拥抱温暖和光明，却会选择抵御寒冷痛苦。这是人之本性。

我长长短短谈过几场恋爱，不管前男友是哪种个性哪种类型，我都会和对方约定一个原则：如果有争执的事，一定当天解决，不能让我们带着情绪过夜。

因为我很清楚，如果我们坚持争执，那么这件事就会在心里积压，会在夜里翻来覆去地咀嚼，甚至第二天再继续争吵，好好的生活可能变得鸡飞狗跳。

很多离婚的明星会出于不甘或者想争取更多的利益，会把婚姻里对方不堪的细节公开，以此为筹码和对方律师谈条件，但是我们往往会发现，大众的同情并不会持续太久，如果拉锯战到半个月，普通群众就会有一种"什么时候才会完""事出反常必有妖""你们安静离婚得了"的疲倦想法，甚至本来占据舆论高地的某方，也会被贴上"是为了炒作和热度"的标签。

鲁迅先生的《祝福》里祥林嫂的丈夫早亡，婆婆将她卖给山里的贺老六做老婆，贺老六又累病而死，儿子阿毛还被狼叼走，一开始大家都很同情她，但当这个故事不再新鲜时，便是最慈悲的念佛的老太太们，眼里也再不见有一点泪的痕迹。后来全镇的人们几乎都能背诵她的话，一听到就厌烦得头痛。

对镇上的人来说，祥林嫂何尝不是个负能量源头。而祥林嫂也错误地以为他们可以对自己的遭遇感同身受，可她完全不知道，别人聆听她的遭遇是为了八卦或是出于对弱者的同情，甚至只是打发无聊时间，仅此而已。

沮丧有多可怕，简直能毁掉一个人的人生。

"她的做工却丝毫没有懈，食物不论，力气是不惜的。人们都说鲁四老爷家里雇着了女工，实在比勤快的男人还勤快。到年底，扫尘，洗地，杀鸡，宰鹅，彻夜的煮福礼，全是一人担当，竟没有添短工……"

我时常想，倘若祥林嫂能振作丝毫，能做到以前这样一半，人们大概不会那么对她轻视，会另有一番说辞，她会不会又是另外一番境遇了。

在这个世界上，除了心理医生，对于普通人哪怕是脾气再好的人，都不会愿意一直当某一个人的垃圾桶、拯救某个负能量的灵魂，迟早会心生厌烦，甚至担心自己也被拉进负能量的深渊，于是避而远之。

而心理医生是按小时收费，这是他的职业。

说到底，每个人都需要界限感。交际是，吐槽也是。

闺密很少向别人吐槽抱怨，她怕对方会看轻她，甚至远离她，所以更愿意选择自救。自救并不是无法向外发泄就向内自闭，每天自怨自怜、对镜神伤。闺密会去打拳、跑步、听歌发泄情绪，同时也会找到问题根源进行解决，坚决不让一件事把自己陷进泥淖里，不然很容易得一些情绪病。

她不仅会避免给他人带来负能量，也避免自己给自己负能量的心理暗示，甚至会特意地自己制造积极的正能量去应对一些困境。

词典里有一个词叫作"言灵"，其实也是一种心理的神奇力量，由内而外，使得自己的想法成真。

比如同样关于减肥，负能量的人想着"我一直都这么胖，我连喝水都会胖，我肯定瘦不了"，可是闺密每天连起床伸个懒腰、少吃一口巧克力、多走一段路都想着一定会瘦，去健身房待两个小时更是这么想，她每天都以这种向上的心态激励自己，减肥减得很顺利。

接手一个有难度的项目或者客户，她从来不会先打退堂鼓，而是鼓励自己尽全力就好，再想尽办法去争取，哪怕到最后并不成功，她也会安慰自己已经做到这个份儿上，也是一种优秀。

她因为乳腺增生而去练瑜伽时，在一堂课的尾声，老师总会感谢身体，感谢四肢器官和内脏发挥作用，闺密每晚临睡前学着照做，再好好放松休息。长此以往，她不仅觉得内心宁静，甚至连增生的肿块都小了很多，这是一件很奇妙的事。

我们总是对考生说高考必过，对远行的人说一路顺风，对病人说手术顺利，对父母说长命百岁，却时常忘了对自己说些什么。

我觉得如果可以每天给自己加油打气，告诉自己很棒很努力，一小步一小步地往前走，如果没有快乐的事，就给自己制造快乐，如果别人无法带来正能量，就自己去制造，哪怕有了负面的事也可以让自己用其他开心的事两两抵消。这样的话，人生该明媚灿烂很多，积跬步以至千里，从量变达成质变，很多方面自然顺心顺利。

世界上很多人能够获得成功，是因为不仅能控制情绪，而且还能制造情绪，而情绪可以提供内在向上的动力。

因为如此，所以会有奇迹。

# 人生成就自定义

曾经有个迷茫的学妹问过我：怎样的人生才算是有成就的？

我竟一时不知该如何回答，每个人的起点、经历、格局不同，很难用一个标准来衡量所有人是否成就圆满。

我便问她为什么会突然问这个问题。

她的苦恼来自她觉得以她十八线城市出生的背景。在残酷的一线城市找到一份月薪两万五的工作，有稳定的存款，租了一个房子布置得很有格调，养一只猫和一片花草，用心且温柔地经营自己的小日子，每天分享自己的打扮和三餐、护肤的各种心得，总会得到很多网友的夸奖，在父母眼里算是有出息、小有成就的。可是当她发到朋友圈时，刚一刷新，就发现她的一位朋友也发了朋友圈：装修才五百平方米的跃层轻奢法式就累死我了，定位的是美国弗吉尼亚州。

那个"才"字，生生地冲击了她的一切。

她可能奋斗一辈子也无法在北京拥有一套房，更别说五百平方米的跃层。

所以哪怕她再热爱生活，再努力拼搏，也博不过人家出生在她的终点线。

对比起来，她过得格外卑微凄惨。她觉得那段时间她开始自我怀疑，也没有了向上的动力，甚至觉得当好友刷到她的朋友圈时，是不是会露出鄙夷的轻笑。

我问："人的一生是否成就圆满，难道不该由自己定义吗？"

她说："和他们一比，我就是个彻头彻尾的 loser，没有任何成就，就更别提圆满了。"

我问道："那你知道吗？尼泊尔如此贫苦，却是世界上幸福指数最高的国家。"

我们吃五谷杂粮长大，无法超然脱俗于名利之外，但是也可以追求其他方面的幸福。

人生由很多部分组成，不该只用名和利来衡量定义。

2019 年 9 月，上映了一部名叫《徒手攀岩》的纪录片。是一个叫亚历克斯·霍诺德的男人在没有任何安全措施的情况下，行走在一座座几乎垂直的岩石壁上，他的整个世界只有太阳和风声，还有自己孤独的呼吸，专注地攀登上高峰，这便是他的意义。

他出过书、登上过 *TIME*（《时代周刊》）的封面、参加过电视节目，甚至现在有导演拍了属于他的纪录片并且全球上映，难道他就不算是一种成功？

退一万步说，哪怕没有这些名利的成功，他攀登上一座又一座高峰，他在内心得到充沛的满足，他达到了精神上的巅峰，对他而言，肯定是一种成功。

我羡慕并且崇拜他，他有如此之高的专注力，哪怕在世俗眼光中他进行的是些毫无价值的事，而他可以全身心地投入其中。

世界上还有很多人，他们并不在乎名利和物质，比如守护一门快要失传的传统手工匠人，比如潜心研究如何用破碎的线索抓捕潜逃多年案犯的警察，比如出于情怀和对美的追求而选择藏漂的人，比如徒步去偏远落后的山区支教的老师，比如自费去捕捞海洋垃圾的人，又比如日复一日在沙漠里栽树的人。

我都觉得世界正因为有他们，才不至于那么单一禁锢，而显得更加多元可爱。

而他们，也是我们不能忽略的存在。

他们在地球上与我们共生，做的事与我们遥遥地息息相关，我们不能用普通的名利标准去评判他们的成功与否，而是更要感激有他们的存在，丰富了我们的生活，让地球变得更好。

而她更应该知道，他们会选择与普通人背道而驰的生活，更加证明他们内心的坚定，而她就是缺乏这样一种坚定。

于是我问她："那个朋友对你很重要吗？"

她摇了摇头："其实也不怎么熟，只是在人多的场合见过几次面，加过微信好友，也没说过几句话，但是对比下来，我真的太惨烈了。"

我又问："那这辈子，你是为谁而活？"

她说："当然是为我自己，为爸妈和我男朋友喽。"

"那你觉得在自己眼中，你是怎样的，你爸妈、你男朋友又觉得你是怎样的？"

"我觉得还好吧，我其实也挺知足我现在的生活的，我爸妈倒是经常把我当作可以炫耀的资本，觉得可以给他们长脸，我男朋友是不管我怎么样，他都喜欢我。"

"已经够了呀，你不是由那位只见过寥寥几面和你隔着八个小时时差的朋友来判定，甚至她对你的人生毫无影响，你又不会为她而活，你也不用管在她眼中的你是怎样的。"

人生不止一种活法，只要坚持自己心之所向，抵达了自己想去的地方，这便不失为一种成就、一种圆满。

只要自己觉得成功，便是一种成功；自己觉得人生圆满，便是一种圆满。

更何况虽然我们的出生起点高高低低，但人生轨迹总有重合，生而为人，有些事就不可能幸免。

城市已经是钢筋森林，社会已经是冷漠战场，必要时也需要给一点自我暗示的温柔，才能继续努力下去。

学妹说："可是我想成为她那样的人，我是俗人，我很羡慕她的生活。"

我笑了笑："你又不是她本人，你怎么知道她或许还羡慕别人的人生，觉得自己一败涂地呢。"

正好我也有这位朋友的朋友圈，在我能看到的朋友圈里，她的生活可是一地的鸡零狗碎：丈夫曾醉酒后家暴她，并且数次提出要和她离婚；买过不少 A 货奢侈品包来充实自己的衣帽间；创办的公司只是个皮包公司，前两天被人告上法庭，她正在焦头烂额地找律师。

我的学妹目瞪口呆，这才知道我们被分组对待后，看到的是两个截然不同的人生。

每个人也多的是旁人不知道的事，既然如此，又如何以他人的成功来定自己的失败呢？

学妹说："我懂了，那么我觉得我现在也挺好的。"

学妹还是用心经营自己的小日子，实在很羡慕别人时，就想想或许别人也有不如自己的地方，后来被营销公司看中，签约成为旗下矩阵营销号，由其他微博大 V 引流发酵，很快人气高涨，学妹顺势开了淘宝店，货源由公司提供，利润与公司分成，一年下来的收入也非常可观，无数粉丝在微博下面说羡慕她，想向她学习。

不知不觉，她也拥有了别人所向往的人生。我恭喜她。

# 自律即自爱，自律即自由

●　○　（

　　哲学家康德说："真正的自由不是随心所欲，而是自我主宰。自律即自由。"

　　自律，是个非常有态度和毅力的词，它所对应的是懒惰、不思进取、无法掌控。

　　懒惰在科技方面是人类进步的一个理由。比如我们懒得洗碗，所以发明了洗碗机；懒得爬楼梯，所以发明了电梯；懒得出门走路，所以发明了汽车；懒得写信，所以发明了电话；懒得出门，所以发明了送外卖 App……

　　而懒惰对于普通人来说，意味着轻松、自爱、自由，但是我却认为懒惰是个非常恶劣的词，它意味着放松到不可思议甚至不能容忍的地步。

懒惰使人满足于现状，使人在任何方面都会以极低的标准来敷衍自己，并且自我满足、自我满意，甚至达到一种自欺欺人、自我麻痹的状态。

懒惰的人会觉得自己身材也没那么胖，躺在床上吃薯片和炸鸡最舒服。懒惰的人会觉得天天回家就追剧听歌多惬意。懒惰使人觉得自己混个普通工位就已经不错了。

瞧，他们多轻松，多自爱自由哇！

可是他们是待在舒适区里，用一种蚕蛹裹茧的方式使自己暂时不必接受外面的风风雨雨。

这是一件极其危险的事，生活终将对他们下手，现实会教所有人做人。他们迟早会不得不迎接更大的暴风雨，因为生活没有永远的避风港、人生没有永远的舒适区。

而反观自律的人，仿佛每天都被很多条条框框的目标和计划限制住，但其实他们早就由被动变主动，掌控了自己的人生，获得了自由。

在科技如此发达的今天，众多工具、程序让我们在生活方面足够懒惰，那么在节省下来的时间里，有的人会选择和懒惰的人做相反的事，这样一来，双方的差距可能是乘以二的系数。

蔡康永说过一段很有名的话："十五岁觉得游泳难，放弃游泳，到十八岁遇到一个你喜欢的人约你去游泳，你只好说我不会；十八岁觉得英文难，放弃英文，二十八岁出现一个很棒但要会英文的工作，你只好说我不会；人生前期越嫌麻烦，越懒得学，后来就越可能错过让你动心的人和事，错过新风景。"

而原先选择懒惰的人，就会这样将被逼迫认清现实的残忍，或许只能一再降低自己的标准和欲望，继续自欺欺人，又或许想要迎头赶上，却发现已经非常困难。

因为这时的他们，已经无法掌控自己的人生，他们将会受到心理和生活双方的禁锢摧残，而原来所拥有的自由是多么岌岌可危，甚至荡然无存。

众生皆苦，如果不吃自律的苦，迟早也会吃生活和社会的苦。

能掌控自己人生的人，肯定是属于自律的人；而能自律的人，必然是优秀的。优秀的人取得一定的成功，自然也是自爱的人；而只有自爱的人，才会想要自己掌控自己的人生。

这才是完美的闭环衔接。

我们不需要太多鸡汤和精神鸦片，但是请相信自律真的可以给人带来从内到外的自由。

自由很难，在历史上，但凡群众获得自由，都必经过一番头破血流，我们个人想要获得自由，自然也是要走过一段看似艰苦的时期。

小枝因为体质不好从小住院，她甚至吃出了同类药品心得，而频繁请假也让人事颇有微词，到二十六岁那年，身体还是查出了一堆毛病，医生甚至建议她还有什么心愿可以尽早完成。

小枝听懂了医生的潜台词，但是她并不想这么潦草放弃，从小到大体育就没及格过的她不得已开始选择健身。一开始，小枝也非常不习惯在冬天早起，她更喜欢赖床，定了五个闹钟才能把她艰难地喊起来；她也不会长跑，跑个两百米就觉得气喘吁吁，想着大家此刻都在睡梦中，就觉得自己很辛酸。

她从小嗜辣，爱吃油炸食物和冷饮，每周和大家聚餐一次火锅，可是在健身期间，不得不改变自己的饮食结构，她说每次吃沙拉就像在吃草，每次喝蔬菜汤就像在喝刷锅水，她变得特别低气压，甚至会生气地想她活了这么多年，努力赚钱不是为了吃那些草的。

可是小枝和别人不同，倘若别人健身是为了减肥，她是为了活下去，替自己获得活在未来的许可证，所以她比任何人都知道健身的重要性，逼着自己走出舒适区，克服惰性去坚持。

小枝为此坚持了四年，不仅体魄增强，而且习惯了健康饮食，也学会了调节情绪。当自律成为习惯，便不觉得困难和艰辛，便会觉得和呼吸、睡觉一样自然普通，很容易坚持。

体检报告再次出来后，医生说小枝的好几项指标都变正常了，小枝很开心，可是她还是继续坚持下去，现在她已经是一名营养师，考了两个健身教练证，同时也是三家健身房的老板。她在掌控自己的前提下，便有了一定的权利，才会获得相应的自由。

　　成年人的世界从来没有什么天赐好命，命都是自己拼出来的，在学会克服惰性、掌控自己、坚持自律的同时，便是在成长，便是在收获坚持、毅力等优秀人必备的品性。

　　自律是一件漫长的事，一时半会儿可能看不出它的效果，一两个月也可能收效甚微。人生虽然没有捷径可以走，但是只要走过，那么每一步都会算数，倘若可以心无旁骛地走下去，便会认识蜕变后全新的自己，将被动的人生转换为主动。

　　保持自律，真的很自由很酷。

# 从明天起，关心粮食和蔬菜，也关心自己

● ○ ◖

从明天起，做一个幸福的人

喂马，劈柴，周游世界

从明天起，关心粮食和蔬菜

我有一所房子，面朝大海，春暖花开

——海子《面朝大海，春暖花开》

我很喜欢海子的这首诗，从字面意思上表达了人生向上的态度，每次读起来就觉得特别温暖且从容。

我认识一个画家阿顾，他很年轻，却很有灵气，有不少画廊老板想做他的经纪人，他的身价曾经在一年之内三级跳，并且有

富豪特别喜欢他，要高价买下他的五幅新画放在新别墅里。

这本来是一件极好的事，但是那段时间阿顾没有灵感，于是过得特别痛苦。他都把自己关在画室里，打翻的颜料罐散落一地，到处都是撕碎的只画了几笔的作品。他每天抽烟、喝伏特加，就是不肯吃饭，甚至不愿意家政阿姨来打扰。

他始终陷在一种自我痛苦、自我放逐的状态，企图捕捉到可遇不可求的灵感。

后来，他的灵感捕捉到了，但自己也得了急性肠穿孔和酒精中毒，因为没有如期交作品，虽然没有赔给对方违约金，但是也失去了一大笔订单。

听到阿顾的事时，我还想起了我另外一个朋友小C。小C是个非常拼命的人，拼命到哪怕凌晨3点给她发邮件，她也可以在半小时内回复。

她从读书的时候就很拼，因为一心只想上北大，所以到高三那年，她想过不少极端的方法。比如随时携带一些皮筋套在手腕上，一旦想打瞌睡，就拉开皮筋，用疼痛逼迫精神集中。在凌晨里，她如果扛不住了，就会从冰箱里取出冰块握在手中，用冰冷驱散困意。她把每一道题都反复背下来，然后自己拆解，哪怕已经倒背如流，可还是不自觉地去记。

那段时间，其他家长都希望自己的孩子能多花点时间学习，而小 C 的爸妈却会强制她上床休息，但是这样并没有用，因为小 C 的脑海里已经记住了题型，她可以在脑海里自己给自己设题，再去回答。

她几乎无时无刻不在学习，甚至因为分心把洗面奶当成牙膏用掉，还有一次她因为走楼梯时没注意跌了下去，脑袋都被撞破一大块皮，而她的第一反应是：还要高考的，不会变傻吧？

那段时间，她瘦得特别快，眼睛却很亮，有点魔怔，高考完的第二天，爸妈就准备带她去医院看心理医生。

小 C 这时才知道原来她在爸妈的眼中，已经成为一个不正常的人。她哭着闹着，甚至给爸妈下跪发誓做个正常的人，才暂时没有去医院。

小 C 最终因为精神压力过大没有考上北大，她也花了几年时间好好调整自己，最后进入了一家游戏公司工作，因为存在巨大的 KPI 压力和竞争压力，她又变得像高中时那样，很拼很拼。

可是读书是一个人的事，但工作并不是，需要协调，需要统筹，需要一个部门甚至几个部门的配合，于是小 C 经常揽下其他同事的事，以便更快推进。

我认识她的时候，她就处在这样的状态里，头发大把大把地掉，生理期迟迟不来，每天晚上灌四杯美式咖啡，经常睁着眼守着天亮。

她非常痛苦，也明白自己这样会出问题，可是那么多事，她自己想歇，工作也不能让她歇。她觉得自己像陷在泥潭里，想爬起来，却又被泥潭往下拉。

我问她："听说你很喜欢莫奈？"

小 C 说是，她特别喜欢印象派的画，她想挣够钱就去法国小镇吉维尼住一段时间。

我就说："那你知不知道，就在你待的这座城市，上个月才展出过一次莫奈画展。"

小 C 当时愣住了，电话里很久都没有出声，我想，她一定受到了巨大的心灵冲击。

最终她说："没办法，我还是要吃饭的嘛！"

她还是选择拼命工作，直到有一天在工位上站起来时，突然晕厥，一头栽了下去，吓坏了整个办公室的人。

送到医院去，医生确诊为脑血栓，这下，她终于不得不停下工作，去住院休养。

我也听到过那种从小被母亲照顾得很好的"学霸"，倘若母亲意外去世，他们就不知道吃鸡蛋该怎么剥壳，不知道天冷了要穿秋裤，也不知道出门坐公交需要刷卡。

他们活在自己的世界里，守着唯一的目标，然后不管周遭。

这样很好吗？

或许只维持一段时间，这样很好，但是并不是长久之计。

有个词叫作过犹不及。

生为人类，并不是永动机，我们也需要休息。

就像小C用过的那些皮筋，拉扯久了，就会失去弹性，就会断裂。人心中的那根弦绷得太紧了，迟早有一天也会断开。

每年都有很多猝死的人上热搜，大部分都是程序员，他们年纪轻轻就"地中海"式秃顶，面容一派老成，心理测试出来的压力指数很高，是生活逼迫了他们，也是他们自己逼迫了自己，只是他们再也没有后悔重来的机会，只留下世人短暂的悲痛和警醒。

幸好小C还来得及，等她治疗结束后，我把小C介绍给阿顾，他们都喜欢艺术，应该很有话题。

小C从最基础的入门开始学画，偶尔跟着阿顾出去采风，她觉得自己以前一心读书、工作，错过了太多风景。后来小C换了个公司，工作量和压力也少了很多，她觉得也挺好，毕竟在生死面前，其他都不值一提。

有时候，我们也应该适当放松，给自己减减压，我们除了关心工作、业务、房价、养老，也可以关心粮食和蔬菜，关心自己。

没有人会苛责。

毕竟生而为人，就已经很辛苦了。

# 真正强大的人，都懂得示弱的力量

● ○ ◐

我们在生活里，都不可避免会遇到某些刺儿头。

比如，我的某个朋友，在看到别人买了一件新衣服时她会这么评价："身材那么差，衣服档次再高又有什么用。"

有同事的子女高考考得不错，大家都在热烈祝贺时，她却阴阳怪气地在背后酸一句："考上大学有什么用，清华毕业的也有人找不到工作。"

看到一个女同事升职加薪了，她说："她能力那么差，谁知道背地里用了什么样的手段。"

我知道，她是个自视很高的人，平时处处想要压别人一头。

其实她越是这样做，别人越瞧不起她。她的这些行为，非但没有在别人心中留下她活得很高级的印象，反而让别人觉得她一贯盲目自大。

看到朋友都远离她，她也觉得自己需要改变。我对她说，这个世界上并不存在每一方面都胜过别人的人，适当示弱，你会活得轻松一些，也会活得开心一些。

其实，像她这样的人，在生活中很常见。形成这样的思维惯性，其实并不怪她。我们中间有很多人，从小到大所受到的教育都要求我们要勇夺第一，哪怕只得第二名，也意味着失败。所以，我们总是习惯性地压别人一头，习惯性地想要表现得比别人更好，用这样的方式来显示自己的强大。

事实上，这种绝不能输的理念，说起来虽然激动人心，实现起来却会妨碍我们进步。做到最好，并不是要做到最强。这二者之间是有差异的。每个人的天赋、基因、性格都有差异，这注定了不可能每个人都赢。我们在不能赢的情况下拼尽全力，就没有任何关系。其实，每个人都能赢只是一种愿景，它是取长补短的前提，能敦促我们做到更好。但事实上，不是每个人到最后都能赢的。甚至有时候输才是常态。我们在前进的过程中，输是正常的，不输，我们就无法知道我们到底还有什么地方存在不足。

敢输的人，才是真实的人、勇敢的人、有力量的人。因为他们敢于面对自己的缺憾。

身边有个从日本留学回来的朋友，前不久离婚了。这几乎是可以想到的结果。她老公曾经跟我说，和她结婚比离婚还累。原因是，朋友虽然是已婚状态，但是过得比单身还累。因为她太好胜，从不向亲人示弱。在工作上好胜，不做到业绩第一不罢休，她手下的员工离职率一向是最高的；在家庭里也好胜，每个家庭成员都要听她指挥，老公、儿子稍稍达不到她的要求就歇斯底里地发脾气。"家本来就是一个放松的地方，但是现在搞得比上班还累。"她老公这样说。她对自己要求严格，在事业上是相当成功的，可遗憾的是，每个人都不喜欢她，她自己也患上了严重的心理疾病。后来，她在微信上问我为什么她付出了这么多，到最后大家不仅不感激她，反而埋怨她时，我都不知道该怎样答复她。

我一直在想，一个人活到面面俱到，丝毫没有示弱的余地时，即使会快乐，但那也是以透支其他方面的快乐为代价的。

似乎这个时代，越来越倾向于把每个人逼向全能，绝不吃亏，绝不让步，绝不牺牲自己，据说是强者的要素。而示弱，代表的就是无能。我们都讨厌弱者，不愿意发掘他们的内心需求，害怕沾染他们，似乎弱就是原罪。

其实，没有人是一直紧绷着的。真正有力量的人，并不是死撑，而是能不断地自我成长。当一个人懂得示弱时，他会更清晰地认识到真实的自己，接受自己的普通，这样反而能因此真正弥补自己的不足。

而另外那些处处渴望赢得第一的人，恰恰是因为自己虚弱。他们害怕自己一旦示弱，很多人和事就会脱离自己的掌控，就会面对自己不得不去面对的性格缺点，看到自己那份真实的丑陋。

而只有当我们真正强大起来时，我们才不会害怕一时一地的失败，才会有强大的内在力量，也才更能体悟到示弱的力量。

第五部分

思维篇

# 真正的独立人格，需要清晰坚定的信念

● ○ ◖

朋友中有一对璧人，他们是彼此的初恋，从相互爱慕到大学毕业。双方都参加工作后，很多人都满心以为这段旷日持久的爱情长跑终于要开花结果时，没想到因为一点小误会，女生提出分手，男生竟然也没有挽留。

大概是因为这次伤害太深，闺密好几年也没有再恋爱，眼看着变成了别人眼里的"大龄剩女"。她自己本来不在乎，但是妈妈却急得像热锅上的蚂蚁。

出于孝顺，也出于对婚姻的不排斥，妈妈让她相亲时，她就去相亲，妈妈让她尝试和那些别人眼中"看起来还不错的男生"交往时，她也会主动和对方交换联系方式。

那些相亲的男生，和她没什么情感基础，大家交换一个基本信息，很快就不再联系了。

在闺密看来，这只不过是人与人之间正常的相处罢了，但是在父母看来，这却是原地踏步。后来，她只要稍稍显露出一点对对方不满的感觉，妈妈就会展开攻势，眼泪汪汪地控诉自己是如何辛苦才将女儿养大，又是如何担心她单身的未来。在这种亲情攻势下，朋友十分无奈，只能不停地在这种"相亲、淡漠"的状态里循环。

后来，她妈恨不得跪下来求她："就算我求你了，能不能别再挑，遇到一个条件差不多的，你就结了吧。"

大概是太执着，到后来，女儿的婚姻问题成了母亲的心病，感觉现在出去都没脸见人，每到过年想到她又大了一岁，她妈妈就哭哭啼啼地念叨婚事，整个家都过不安稳。

闺密咬牙对我说："下一个，只要条件差不多，我就跟他把婚事办了，就当是为了我妈开心，我结了再离都无所谓。"

抱着这样的决心她终于把婚结了，婚后她告诉我们，她同丈夫结婚的理由是为了让家人开心，在亲戚朋友间有面子，同时让他们知道，自己没有什么生理问题。

可惜好景不长，婚后不久，她发现老公只是表面上看着老实，恶习却很多，不仅透支了多张信用卡，还莫名其妙让自己背了十几万债务。

这一次，又举全家之力，耗时耗力地把婚离了。她妈妈终于不再逼她了，因为她正好赶上了离婚率高的那一波。闺密和我们苦笑："在当下这个年代，一个三十几岁的离婚女人，总比三十几岁没结婚要正常。"

我告诉她，其实父母逼婚这个问题是常态。父母为儿女着想本没有错，因为他们活在他们的年代里，有他们认知的局限性。在他们的时代，人是必须得抱团取暖的，而婚姻就是抱团取暖最合理的模式，但我们可以自己决定，要不要听他们的。儿女们之所以会被父母那些不合理的要求绑架，是因为我们在接触新规则、新世界之后，仍然会被原生家庭席卷，慢慢地开始自我怀疑。

其实，这也并不怪我朋友。这个世界上，有太多在年龄上已经成年但在情感上却还没有毕业的人了。心理上无法摆脱亲人的影响力，这并不是大问题。我们一生都要面临这个课题，只是我们终究要长大，终究要成为一个独立的人，一旦成人了之后还带有这种惯性，爱就变成伤害了。

其实，真正意义上的独立，是自己内心的笃定。我们相信自己会成为自己生活的掌控者。不管是亲人的道德绑架，还是世俗标准意义上的价值观，都不足以干扰我们的理性判断，不足以影响我们正确的自我坚持。

说真的，内心强大的那条路之所以难走，并非要不停地积累财富，而是指一个人要忍受长时间修炼自我内心的艰难跋涉。很多时候，世俗标准下的好，不一定完全适合我们。我们要从内心深处学会摆脱思维中那种会影响我们判断力的情感依赖，拒绝被那些不适合我们个性的判断标准。我们要尊重这个世界的丰富性，相信真理不仅仅有一种判断，尊重这个世界的不同声音，这才是真实自我的开始，也是自由选择的可能性的发端。

这些年，我不止一次听人抱怨过原生家庭对自己的伤害，抱怨过世界对自己的伤害。但这个世界上就没有活得好的人了吗？绝不。还有很多人，拥有着我们向往的圆满和自由。我一直都这样告诉那些抱怨世俗标准的人：你要相信，当你对你想要拥有的生活有足够的认识能力，对自己要追求的那条道路足够坚定时，整个世界都会为你让路。

# 生活在真空的世界里，没有真正的快乐可言

● ○ ☾

　　我有一个很有意思的朋友。她的儿子九岁时，正好碰上公司外派她出差，在最需要母亲陪伴的年龄里，她三个月没有时间管教小孩。这个年龄的孩子没有自控力，一离开家长就自我放飞。放学回来，儿子抱着手机玩手游，爷爷奶奶管不了。她几乎可以想象儿子的状态。

　　事实果然和她想的一样，儿子玩手机时，一开始还偷偷摸摸，生怕家里人发现，后来见家里爷爷奶奶管不了自己，索性连作业也不写了，一放学就躲在房间里打游戏。

　　她结束出差回到家的时候，孩子沉迷游戏三个月，期末考试成绩已经二十名开外了。

虽然同学心里着急，可是对这样的小孩子，面上却不能太责备，骂深了，孩子承受不了；骂浅了，达不到想要的效果。刚好期末考试之后是个暑假，她决心好好管教一下孩子，遂在暑假的第一天，她就主动跟儿子说，好不容易放假了，可以放松一下，要不今天放你打一天游戏？

她儿子没想到打游戏竟然获得了母亲的首肯，当即高兴得两眼放光，喜不自胜地拿出手机，调出自己最喜欢的小游戏出来打。中午吃完饭，大概是玩累了，儿子想出去踢会儿球再回来，但却被她按在桌子前说："你再玩会儿吧，你不是答应我今天要打一天游戏吗？"孩子想一想，觉得游戏仍然对自己有足够的吸引力，便放下了踢球的想法，接着捧着手机玩了起来。

第一天过去了，她儿子还觉得自己今天玩得还挺开心的。

第二天一大早，她又把儿子叫起来，她说，好不容易放暑假，你好好玩游戏，今天再打一天吧。小孩子虽然愿意，却不像昨天那样高兴了，玩游戏的时候也有些心不在焉，她看见了孩子的状态，便对孩子说，不行，你今天必须继续玩。

三五天后，她儿子觉得有些受不了，游戏带来的快乐也不再像当初偷玩时那样兴奋了。一周后，孩子终于受不了了，主动跟她说："妈妈，我今天能不能不玩呀，我实在玩不动了，受不了了。我想出去玩会儿。"

她则乘机教育孩子："如果你今天想出去玩，以后就再也不能玩游戏。如果你以后还想打游戏，今天就不能出去玩，我还是允许你在家里继续打游戏，一直打到暑假结束。"

这一次，她儿子坚决地摇了摇头，还是认为自己出去玩更好。

她问儿子知不知道为什么这两天打游戏时感觉不到快乐了，甚至还有一种厌恶感。她儿子摇摇头。她告诉儿子，如果每天吃完饭就打游戏，别的什么也不干，什么也不想，就像生活在一个没有压力的真空环境里，很快就会产生一种空虚的感觉。

其实，人不能被轰炸式满足的。轰炸式满足时，就像活在一个真空里，我们不需要努力，那些令我们快乐的东西也都唾手可得。每个人，要获得幸福感，都需要奋斗，需要汗水，需要适当的压力，只有在压力下，我们才能觉知到现实的重量，触碰到和生活融为一体的快乐和痛苦，找到属于我们自己的真实定位。

不止一个人告诉我，如果某一天，他有了一千万，他就整天什么也不干，到处游玩。我想，人会产生这样的想法，就是因为他们没有赚到一千万。财富往往意味着与之匹配的压力。这就是不得不承受的生命之重，是每个成功者必须迈过的暗礁。有个朋友每天都和我诉苦，但是第二天她一样会起床干活，她说，要成功，就需要顶住来自四面八方的压力。

大概很多人都幻想过某一天自己突然得到了一大笔可以挥霍

的财富的情景。可是，他们没有想过的是，这种快乐能持续多久呢？当一个人的欲望被无限满足时，就像那个每天都能打游戏的孩子一样，感受到的并不是幸福，而是空虚。

没有压力的人生，并不像我们想象的那样快乐。

有质感的幸福，是真实的人生，它混合了各种咸酸苦辣的况味。真空的环境无法为幸福提供充分的养分，所以也注定不能持久。

这种努力向上的感觉，需要我们脚踩大地，拼命向下扎根。我们扎得越深，往上生长的部分才会越健康。正是因为有脚下的污泥，才能构建我们登顶的快感。当某一天真正失去那个一直在脑海中压迫着我们的目标，而被无限满足时，很可能我们会失去对幸福的真正的感知，只剩下虚无缠身的寒意。

# 自律的人生里，有你想象不到的快乐

●○◗

在网上看到有一个大学时学会了四国语言的人在媒体上介绍自己选拔人才的标准。

本以为又是一次人生赢家的倒推式成功学贩卖，没想到他却给我提供了一个不一样的思路。他说，自己上学时就坚信一句话，其实国外留学申请的时候，看一个人在大学成绩，这是可以作为一项重要的参考标准的。一个人如果在宽松的环境里还能保持成绩优秀，那么可以从侧面反映出，他的自控力很强，能在没有外部压力的情况下自律的人，才能自觉、主动地成才。

他的话里有一种新思路。的确，很多在大学里成绩不好的学生，并不是智商问题，只是在大学宽松的环境里难以自律。很多好的工作岗位也不喜欢大学时成绩不好的人，这意味着他工作时也有可能带着曾经在学校里养成的那种松散、对自己不负责任的习惯。在学校不写作业，损害到的只是个人利益而已，可是在工作里，一个人的懒散会给整个团队带来损害。

没有内在的自律，全靠外部环境来约束很难持久。比如念书的时候，需要靠家长，靠纪律上的硬性规定，只是为了培养我们以后自我约束的习惯。我们在这个过程中，知道怎么做是好的，怎么做是坏的。但这种约束，不能持续一生，仅靠别人的要求，无法促使一个人变好。没有自主意识和内驱力，不能"自我续航"，靠外力才能约束自己的人，很有可能一到松散的环境就"放飞自我"，直接表现就是抗压能力比较差，一遇到压力就想逃走。

听完了这个人的演讲，我在网上搜索了他的简历后，发现他上大学时就已经掌握了好几门外语，在基础课业之外，几乎是利用一切空余时间在背单词，学语言，在大学里就已经参加过国外的演讲比赛，雅思高分，西班牙语 C1，日语中级，他一毕业就凭借着语言优势获得了通往世界舞台的门票。

这种自律给他带来了很多意想不到的好处。长期养成的行事习惯，让同事和上级相信他是一个值得托付的人，因此领导经常将一些重要的项目交给他做。他在进行项目的过程中，获得了很多旁人难以企及的视野和工作经验。

其实，大家智商都差不多的时候，比拼的是谁比谁更靠谱。这个靠谱，说的其实就是自律，值得别人相信。

毕竟，大部分人的注意力很分散，没有压力，他们的日常就是抱着手机刷着各类 App，用简单重复的刺激消磨掉自己漫长的人生。一旦没有别人监督，他们就很难投入精力去学习了。

你要相信，真正的优秀，一定不是刷刷手机这么简单的。甚至可以这么说，每一点进步，其实都是反人性的。

从逻辑上想一想，一件事，简单到任何人都能做到，肯定不会是什么好事。只有做到别人做不到的事，才有可能获得更多的资源，拿到更高的奖赏。

一个人堕落到麻木很容易，但在孤寂和怀疑的同时，仍然坚持自我努力，真的很难。

所以，在没有压力下自律的人，才能获得更好的生活。

对大多数人而言，我们的工作是基础的、琐碎的，不需要什么智力的。

那些轻易臣服于眼前的舒适，缺乏自律和自我要求的人，其实过得也并不那么舒适，他们内心同样充满着焦虑。

成就更好的自己，并没有我们想象的那么痛苦。一个普通人想要变得更优秀，就需要有意识地控制自己，培养自己内在的自律。很多优秀的人，并非一开始就是优秀的，也许他们一开始需要外界的要求和束缚，但持续的优秀，一定源自他的自我要求和内在的主动性。

当我们将自律、优秀变成一种习惯，说服自己数十年如一日地自我提升时，你会发现，靠着这样一点一滴的累积，终有一天，自己会脱胎换骨，当初那些遥不可及的目标，如今伸手就能够得到。

# 按你自己的节奏成长，最坏也不过是大器晚成

● ○ ◖

某天晚上，朋友忽然从微信上发过来一个很有意思的问题。他说，既然大家都觉得努力向上会过得很好，为什么大部分人还是不情愿做努力的平凡人呢？

他问的这个问题，让我想起了上学时遇到的某个"学霸"。

这位"学霸"对数学的学习兴趣十分浓烈，当然，他的数学学得相当好，超出一般人水平很多。某些时候，他甚至会考倒老师。因为数学格外优秀，他也会分担一部分老师的任务，班上常常有同学向他请教问题。每次同学问他数学题时，他也热心地为他们解答。只是每次给别人讲解题目的时候，学霸都会顺口来上一句："从这个步骤往下思考，很显然我们能得出一个这样的

结论……"

听他讲解的同学大都一脸蒙："这个结论，我不知道是怎么推导的。"

通常情况下，"学霸"会翻来覆去地为同学讲解，同学也会翻来覆去地听，却无论如何也跟不上对方的思路。后来老师看不下去了，找到那个向"学霸"求教的同学，让他从更基础的部分学起。

老师向我们解释说，因为"学霸"同学对这门科目的兴趣十分强烈，所以他在学习时非常努力，把许多和数学相关的书籍，甚至包括一些还没有引进到国内的专业书籍都通读过。同时，他日常所有的空余时间，都用来做数学习题。所以，他在面对这些问题时，思维是跳跃式的，那些他一眼就会的东西，大脑会自动省略掉思考的过程。而向他请教的同学，不具备他的数学思维和数学基础，所以在学霸同学看起来很简单的东西，在他那儿却是难上加难。

末了，老师告诉我们说，对任何知识从入门到精通，都需要一个循序渐进的过程。

老师的话，让我想起了这个朋友的问题。有时候，我们不是不想努力，而是我们不知道努力的方法。其实，从更高层面上看，知识的精进过程可以分成两种类型：一种是前期突飞猛进，但学了一段时间后，发现这门学科的天花板很高，自己很难触及；另一种是前期进度很慢，但到某一个阶段突然开悟了。但这两种增长知识的方式，都需要漫长的过程，需要对知识领域更高层面的认知，更需要我们懂得循序渐进的"度"。

大多数时候，我们在获取知识的过程中感觉不好的最大原因，和老师解释的原因差不多——基础不好，一眼望去大半都是自己看不懂的东西，思维中的逻辑无法建立完整的链接。

大多数人，之所以能体悟到关于知识的快乐，是因为随着我们大脑丰富程度的不断增加，思维越来越连贯的过程。如果我们感受到了这种连贯性，就会有一种酣畅淋漓得心应手的感觉。但形成这种感觉需要一个前提——我们的基础知识积累到了一定的程度。

很显然，不管一个人有多聪明，前期基础积累的过程都无法省略。只有"量"的积累达标时，我们的领悟力才会有"质"的变化。每个人完善自己的过程，就是一点一滴的积累和反复练习的过程。

去年，有个家长朋友向我咨询该如何给上小学的孩子挑书时，她说，我孩子基础太差，跟不上老师的节奏。我告诉她说，既然是这样，那你挑书的时候应该谨慎一些，别揠苗助长了，应该先从他能看懂的东西里挑，孩子掌握了这些知识后，你再慢慢提升他学习的难度。

其实，不光是这个朋友的孩子，每个人最好的成长路径，都应该依照适合自己的节奏进行。

其实，每个人接受信息的能力不一样，学习方式也应该是多样的。

我们每个人都已经认同了主流的标准，认为人人都应该是优秀的，却忘记了这种优秀需要一个过程。在这样洗脑式的宣传下，我们被这种标准绑架了我们自身的独特性，忘记了自己所处的环境、自己的基础和自己应该如何去努力。

譬如很多公众号上说的"二十岁，就成了千万富翁""有房有车的人生，是你想象不到的快乐"等。

其实，如果我们明白媒体的特质，我们就会知道，媒体上传递给我们的东西，都是宣传过的、筛选过的，他们喜欢报道那些最优秀的特例，但是这个世界不可能每个人都能成功。

主流标准总喜欢告诉我们什么是最好的，但是最好的，却不一定是适合我们的。

曾经看到过这样一句话：你为什么过得这么焦虑？因为现在要求每个人都活在"主流标配"里的宣传口号太多了。

我们都迫不及待地想要跟上主流大众的队伍，让本该独一无二的旅程与百分之八十以上的人同步。我们的内心不够强大，容易在责难和恐惧中放弃自己的节奏。

　　事实上，每个人的基础不一样，每个行业的门槛也不一样。这个世界的丰富性就在于我们彼此不同。在这个世界上，每个人都是独一无二的个体，所以才有独属于自己的成长节奏。也只有这样，我们才能成为独一无二的自己，而不至于沦为某种价值观下的某个标签。

# 每条通往卓越的路，都遍布荆棘

● ○ C

某天和朋友聚餐的时候，无意间谈到大家公认的一个牛人。其中一个长辈感慨道：这个人的精力实在是太旺盛了。记得他某次和这个人一起出差，上午他们开车去考察，下午又奔赴另一个城市开会，吃过晚饭，牛人要回公司处理日常事务。长辈跟着他跑了一上午就开始哈欠连天，到下午别人还在聚精会神地开会的时候，他却偷偷趴在桌子上睡着了。

朋友告诉我们说，都不知道这个人是怎样做到如此精力旺盛的，自己每天晚上回到家时，全身的骨头都快散架了，而牛人居然还能回到公司加班至深夜。

这些人看起来就好像是不知疲倦的陀螺，永远都是那种赶场似的工作状态。甚至我有一个朋友在她写过的一篇文章里，近似开玩笑地说：像成功者那样数十年都对工作保持着一种亢奋的状态的劲头实在太难了，一个人能做到这一点，想不成功都难。

虽说是调侃，但我觉得有一点她说得很对，现实中我见过的很多厉害的人，虽然性格各异，但是有一点却是惊人的相似——他们大都精力旺盛，能在承受重压的状态下持续进行高强度工作，甚至十多年不间断。

其实，世俗中大部分人，在提到那些优秀的人或者那种通俗意义上的成功者时，总会下意识地评价这些人"他们实在太聪明了，所以能看到别人看不到的商机和机遇"。他们都以为，成功需要聪明，只要一个人足够聪明，在很多事情上就不需要花太多的时间，成功只需要一个商机或者机遇就唾手可得。

但和这些成功者同期创业的人有很多，很多人也发现过这些商机，只是有些人没有坚持下来。

学习一样东西也是如此。有时候，我们只差一步就能成功，但是很多人浅尝辄止，并没有把这个过程持续下去。

有一项科学研究表明，真正意义上的智商极高或是极低的人，都只占人群总量的一小部分，而这一部分人并非智商分布的常态，这样的概率微小到几乎可以忽略不计，绝大部分人仍然是普通人，智商大都处于平均水平。

所以，可以这样认为，我们和高手之间的根本差距，其实不在于智商。或许他们拥有更多资源，见识过更广阔的世界，但若是把我们的奋斗历程放在同样的维度上比较的话，比谁的身体好，谁能投入更多的时间，谁更有足够耐力把一件事坚持下来，这样比较之后你会发现同样一件事，那些最终有所成就的人，是因为他们比普通人更能坚持到底。

李笑来老师讲述过钟道隆先生学英语的事。他说，钟老师四十五岁才开始学英语，三年之后就成了高级翻译。钟先生学英语的方法其实并不多么高深厉害，人人皆可模仿，只是不一定人人都有他这样的自制力，肯约束自己，每天晚上都投入大量的学习时间和大量的精力去学习而已。

钟先生在这一点上非常坦率，他说，自己为了学英语，坚持每天听写 A4 纸二十页，不达到目的绝不罢休。他将这个习惯坚持了整整三年，听坏了三部收音机，四部单放机，翻坏了两本字典，写完了不知道多少笔芯。

长期保持专注的学习状态，非常消耗人的意志力，无法持续严格要求自己的人，是坚持不下来的。

某一次看视频，记者采访一个年少成名的作者，问他当才华和勤奋这两样东西同时摆在他面前时，他会选择什么。他毫不犹豫地回答说，自己一定会选择勤奋。后面他解释原因说，这个世界上有才华的人很多，而能在有才华的基础上还不停锤炼自己的人，才能获得成功。

其实，很多人的人生，并不是赢在起点，而是赢在耐力。

一个人变优秀的过程，是一段整个人生层面上的长跑。这个自我修炼的过程，更像一场反反复复的拉锯战，所有人都是在失败与挫折中不断修正、不断成长的。

其实，能明白变优秀需要付出漫长的时间，投入大量的努力，本身就需要极强的领悟力和自控力，这些品质都是聪明在一个人认知中的体现。

真正能让自己获得提升的，一定是经过痛苦和反复煎熬的东西。明明知道应该努力，却指望着靠"巧劲儿"和投机取巧成功，是不能持久的。发展优秀的习惯，不但需要从兴趣出发，还需要做很多"我们本来没什么兴趣"的枯燥事情。

所以，我一度对很多"简便方法"产生过怀疑，因为它们在漫长的一生中，所起到的作用并不大。人生终究是一个拿几十年来竞争的过程。在靠持续努力才能达到的状态里，几乎可以忽略不计。很多年少成名的人，到中年时就开始走下坡路，正是因为他们年少时过度依赖自己的才华，轻视了努力的作用，总希望靠着聪明找到一条捷径，想靠着独家秘诀去赢，或是用战略上的勤奋掩盖战术上的失策。殊不知在这样一个信息化的时代里，想找到所谓的"信息不对称"已经越来越难，就连创新也必须是在到达一定程度之后才能做到的。而要想达到这个程度，就必须花费时间和精力。

那些为了提升自己而疯狂努力的人，他们的狂热和亢奋永远只是表象，他们成功的内里不仅仅是我们看到的那些外在的"疯狂"，而是，他们每一个人，都持续"疯狂"很多年。

## 感性应和理性并存

　　我以前在合租期间，认识了一个比我大几岁的室友，她曾教给我很多以前我并不透彻的道理。

　　她谈过很多场恋爱，曾在一个下午说给我听，而她在感情中依然保持理智的态度，让我印象最为深刻。

　　她在工作中接触到一个男人，二人互有好感，但是当男方向她告白后，她却非常痛苦地拒绝。因为她是一个外地女孩，在北京租着两室一厅的出租屋，守着一份看起来光鲜亮丽但依然是打工仔的工作。而那个男人，北京本地人，学习优异，在法国留学，母亲是医院科室主任，父亲是部队领导，她大概能猜到两个人交往的结局就是没有结局。

她非常喜欢对方，也清楚对方也非常喜欢她，她却选择了断然拒绝，因为她需要那份工作，她不希望两个人谈恋爱之后再分手，导致她的工作受阻甚至失去这份工作。她很明白，那时候两个人都是尴尬的、不自然的，很多话不能提，很多玩笑不能开，也很少有人能理智得不带任何情绪地、像关系没破裂一样地再合作。花瓶碎裂一条缝之后，哪怕修补回去，也依然不是原来的那个花瓶了。

　　所以她选择了分手。后来，她见过男方交往的女朋友，和她的长相、个性不能比，但是他们两个人的家庭和人生经历很相似，是非常门当户对的一对。

　　她和我谈的时候，苦涩地笑了笑："瞧，我当时选择及时止损果然是对的。"

　　还有一次谈恋爱，她和对方交往得很顺利，直到后来，她的父亲检查出肝癌，她频繁请假回老家，而当她跟当时的男朋友说这件事之后，男朋友说的是"叔叔最好到北京来，到时候我可以托关系送叔叔到协和医院去"。

　　室友一边说谢谢，一边在老家忙得脚不沾地，等料理完父亲后事之后回到北京，刚一到北京的机场，她就对男朋友提分手。

　　对方觉得突如其来又莫名其妙，一个劲儿地追问为什么，她始终没有回答。因为这一切都很显而易见，而他还不知道原因，只能说他从来都没有这个意识，或者压根儿不在意她的家庭。

他们当时是情侣，如果不出意外就会谈婚论嫁，而当她的父亲重病在床上，他只是不痛不痒地说了那么一句，事不关己的态度昭然若揭。

她是他的女朋友，她父亲是他未来的岳父，她父亲把她养大，他却毫无同理心，虽然不要求悲伤她的悲伤、痛苦她的痛苦，但是尽点他的心意，总是可以的吧。

对于有些男人来说，这是多么好的争表现、表态度的机会呀！

室友已经是大龄剩女，她的母亲很担心她的个人问题，曾劝她男的一直在挽回，要不就复合算了。

可是室友坚决不肯，她对母亲说："他今天可以对我爸这么不管不问，明天就可以对躺在床上的我不管不问，我有手有脚有收入，给你买了两份商业保险，自己也买了房，这样的我为什么要嫁一个那样的男人？"

母亲听了觉得很有道理，于是没有再劝她。

室友还曾遇到男人在事业上教了她很多，二人对对方都非常了解，结果男人忽然提出包养。

室友也利落拒绝，她很认真地分析："你结了婚，还有孩子，虽然工作不错，但一个月也就能拿两三万出来，这两三万我拼一拼可以挣到，我想谈恋爱也是想认真地谈，你达不到我谈感情的要求，我也不适合当你谈感情的对象。"

对方只能作罢，快速翻篇之后，他们都当没有这回事一样，两个人之间没有任何影响，室友继续从他身上学习许多老到的经验。

女性大多数是感性动物，男人几乎都是理性动物。所以像头脑一热、去求万分之一可能性的事，多半是女性才做得出。

而她不想成为那样的人，在她看来，这是女性的短处，反而更应该去学习男性的长处，来取长补短，她更愿意去理智探究、去分析男性的心理，就像去揣摩竞争对手和合作对象一样，再拿捏得当，所以她几乎从来没有被对方牵着走，反而我倒是听过几次她让男方认错的情况。

有一次，室友打给男朋友，对方没有接，后来翻手机时却发现那时男朋友正在撩妹，她迅速地截了图，再把自己打电话的记录截图，在半夜里一起发到朋友圈说："如果你的男朋友没有接你的电话，那一定是在忙着和别的女人对话。"

第二天醒来，男朋友一刷到就慌了，但是反过来理直气壮地怪罪她为什么随意翻他的手机，室友就说："我的手机你也可以随便翻哪，你的手机密码也是之前就告诉过我的，我只不过一直相信你，没有行使过一次权力而已，我也没想到我突然翻了一下，就翻出了这个，我很难过，我昨晚一晚上都没睡。"

男朋友于情于理都不占，只好低声下气地认错，当面慌慌张张地删除了对方的联系方式，然后求她快点删掉朋友圈，因为他们有太多共同好友。

但其实室友没有公开发，只发给男朋友一个人看见，但是即便如此，她对爱面子的男朋友也起到了威慑的作用。她说打蛇也要打七寸，对付男朋友也要了解他的软肋才更便于掌控。

还有一次，某个男朋友在手机上设置了可以用她的指纹解锁，但是中途又改了，室友发现自己不能解锁后，并没有立刻去质问，而是不动声色地等着，等到有一次他们两个和男朋友的一群朋友聚会。在聚会上，她需要用男朋友的手机付款，自然她的指纹解不了锁，她就很惊讶地问这是怎么回事，男朋友自然有些尴尬，连忙说密码是多少多少，室友有些不依不饶，说："不，我就要用指纹解锁。"然后当着所有人的面一个手指一个手指地去解锁，在她尝试解锁期间，所有人面面相觑，也不敢说些什么，结果自然所有指纹都解不开，男朋友赶紧圆场："哦，我前几天好像手误删掉了你的指纹。"

虽然场是圆了，可是在场的所有男人都对她印象深刻，觉得不敢在她面前撒谎，当时的男朋友更是回去了就哭着闹着求着说要再设置她的指纹。

室友在和对方分手后，从追求者中挑选了一个认真追求她的男人，现在已经有一个三岁的小女孩。

　　室友说，在很多男人看来，她是不好糊弄的，因为她太了解他们的思维想法，但是正是因为她不好糊弄，反而能够在一段感情中掌控全局，也占据主动权。

　　她说她怕的是男人一说什么就听了什么，没有自己的思考，傻傻地被对方带着走，这样很危险，也很可怕，她可以做软妹，也可以做女王，理智、冷静会让一切在掌控之中，她可以更游刃有余地去处理各种状况，让自己更少受伤、受损失，也让感情更稳固。